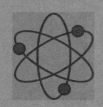

近代物理实验

JINDAI WULI SHIYAN

主　编 ◎ 魏彦锋

副主编 ◎ 谢志远　杨　涵

西南交通大学出版社

·成　都·

图书在版编目（ＣＩＰ）数据

近代物理实验 / 魏彦锋主编. —成都：西南交通大学出版社，2018.7（2020.1 重印）
ISBN 978-7-5643-6077-1

Ⅰ. ①近… Ⅱ. ①魏… Ⅲ. ①物理学－实验 Ⅳ. ①O4-33

中国版本图书馆 CIP 数据核字（2018）第 033929 号

近代物理实验

主编　魏彦锋

责任编辑	柳堰龙
助理编辑	赵永铭
封面设计	何东琳设计工作室

出版发行	西南交通大学出版社
	（四川省成都市金牛区二环路北一段 111 号 西南交通大学创新大厦 21 楼）
邮政编码	610031
发行部电话	028-87600564　　　87600533
官网	http://www.xnjdcbs.com
印刷	成都中永印务有限责任公司

成品尺寸	185 mm × 260 mm
印张	12.75
字数	317 千
版次	2018 年 7 月第 1 版
印次	2020 年 1 月第 2 次
书号	ISBN 978-7-5643-6077-1
定价	36.00 元

课件咨询电话：028-81435775
图书如有印装质量问题　本社负责退换
版权所有　盗版必究　举报电话：028-87600562

前　言

近代物理实验是在物理专业的学生完成了大学基础物理实验课程之后，为其开设的一门综合性的、重要的实验课程。其内容覆盖面广，多数是在近代物理发展史上起过重要作用的著名实验，在实验方法和实验技术上具有代表性。本课程除了进一步提高学生的物理实验的基本知识、基本方法和基本技能外，更注重培养学生观察问题、分析问题和解决问题的能力和科学实验的能力。

本书是编者在多年教学实践的基础上，参考了国内兄弟院校及仪器厂家的有关资料，通过对实验室自编的教学指导书加工整理而形成。本书由绪论和22个实验项目构成。绪论部分讲解了误差分析和数据处理，实验大致分为：原子物理和量子力学；磁共振；光学、激光及光电子；材料制备与表征。既有巩固理论教学，验证重要定律的部分，也有从事前沿研究必备的基础知识和技能。

本书由湖北文理学院担任近代物理实验课的老师编写而成，其中：魏彦锋担任主编，谢志远、杨涵担任副主编，钟志成、陈培杰、鲁军政、廖继红参与了编写工作。整理成书之际还要感谢做过实验的学生的互动与反馈，特别感谢张帆、吴柯、彭威、李荣芳和罗世平。

由于编者水平有限，书中可能有疏漏和不足之处，恳请广大读者批评指正。

编　者

2017 年 11 月

目　录

绪论　实验误差和数据处理 ……………………………………………………… 1

实验一　普朗克常数测定实验 …………………………………………………… 31

实验二　弗兰克-赫兹实验 ………………………………………………………… 36

实验三　黑体辐射实验 …………………………………………………………… 40

实验四　氢、氘原子光谱实验 …………………………………………………… 47

实验五　电子衍射实验 …………………………………………………………… 53

实验六　塞曼效应实验 …………………………………………………………… 60

实验七　等离子体实验 …………………………………………………………… 67

实验八　核磁共振实验 …………………………………………………………… 75

实验九　电子顺磁共振实验 ……………………………………………………… 83

实验十　光泵磁共振实验 ………………………………………………………… 91

实验十一　法拉第效应实验 ……………………………………………………… 99

实验十二　全息照相实验 ………………………………………………………… 104

实验十三　激光拉曼光谱实验 …………………………………………………… 108

实验十四　氦氖激光器模式分析实验 …………………………………………… 117

实验十五　太阳能电池特性实验 ………………………………………………… 124

实验十六　真空镀膜实验 ………………………………………………………… 129

实验十七　四探针测试仪测量薄膜电阻率实验 ………………………………… 136

实验十八　椭圆偏振仪测量薄膜厚度和折射率实验 …………………………… 140

实验十九　压电陶瓷特性测量实验 ……………………………………………… 148

实验二十　巨磁阻效应实验 ……………………………………………………… 152

实验二十一　高温超导材料特性测试和低温温度计实验 ……………………… 165

实验二十二　表面磁光克尔效应实验 …………………………………………… 176

参考文献 ………………………………………………………………………… 185

附　表 …………………………………………………………………………… 186

绪论 实验误差和数据处理

第一节 测量与误差的基本知识

一、测量的基本概念

（1）测量：为确定被测对象的量值而进行的被测物与测量仪器比较的过程。

（2）直接测量：把同一物理量的未知量与已知量或标准量直接比较的结果。已知量或标准量通常针对仪器而言，例如：米尺测长度，等臂天平称质量，滑线式电位差计测电动势，惠斯登电桥测电阻，用百分表测金属线的膨胀值（小差值测量）均为直接测量。

（3）间接测量：根据一个或几个直接测量量，由已知函数关系计算出函数值。例如：根据球的直径计算出球的体积 $V = \dfrac{\pi d^3}{6}$，根据单摆的摆长 L 和振动周期 T 计算地球上某点的重力加速度 $g = (4\pi^2 L)/T^2$ 等。

（4）等精度测量与不等精度测量：对某一物理量多次重复测量，且每次测量的条件（观察者、仪器、方法、温度、湿度等环境）都相同，并没有任何根据判定某次测量比另一次测量更精确，这样所进行的重复测量，称为等精度测量。在测量中，只要诸多条件之一发生了变化，这时所进行的测量，称为不等精度测量。例如：在地球上某点用单摆测重力加速度共测 50 次，这就是等精度测量，若同时用自由落体、复摆等方式测该点的重力加速度，取它们的测量值求该点的 g 值，这就是不等精度测量，那不是简单的算术平均，而要用加权平均。

二、测量误差的基本概念

1. 误差的定义

1）真值

所谓真值，是指被测量的客观真实值。但由于测量误差的存在，真值一般无法得到，因此，我们通常所说的真值都是相对真值。在实际测量中，上一级标准对下一级标准来说，可视为相对真值。在多次重复测量中，可用测量值的算术平均值作为相对真值。

理论真值：一个量具有严格定义的理论值。例如：平面三角形其内角和为 180°；理想电感（电容）的电压与电流的相位差 90°（−90°）；同一量自身之差为零，比值为 1；还有理论公式表达值、理论设计值等。

约定真值：根据国际计量委员会通过并发布的各种物理参量单位的定义，利用当今最先进的科学技术复现这些实物单位基准，其值被公认为国际或国家基准。例如：长度单位（米）、质量单位（千克）、时间单位（秒）、电流强度单位（安培）、热力学温度单位（开尔文）、发光强度单位（坎德拉）、物质的单位（摩尔）等，凡能复现上述的量值均为约定真值。

标准器相对真值：高一级标准仪器与低一级标准仪器或普通计量仪器相比，可以认为前者是后者的真值（相对真值），国家计量局保存有国际计量学的统一的各类基准——主基准，各地计量局（站）保存着经主基准校准过的工作基准，作为校准当地计量仪器之用，生产中使用的计量仪器，均应定期校准，以免测量仪器失准而造成质量事故。

2）绝对误差

绝对误差Δx是测量值x与其真值$x0$之差，即

$$\Delta x = x - x_0 \tag{0.1}$$

绝对误差可正可负，不要理解成误差的绝对值。

绝对误差是测量结果的实际误差值，其量纲与被测量的量纲相同。

3）相对误差（百分误差）

相对误差E是测量值的绝对误差Δx与其真值$x0$之比，常用百分数表示，即

$$E = \frac{\Delta x}{x_0} \times 100\% \tag{0.2}$$

在评价一个测量结果的精确程度时，不仅要看绝对误差的大小，还要看被测量本身的大小。例如，两个长度的测量结果分别为：$L1 = （23.50 \pm 0.03）$cm 和$L2 = （2.35 \pm 0.03）$cm，其绝对误差相等，这不意味着测量精确度相等，为此，引出相对误差概念是非常必要的。

4）偏差（残差）

由于真值一般不能确知，所以绝对误差也不可知，因此，研究、分析测量值的误差时，实际是从偏差入手。设某物理量的多次测量值为$x1$、$x2$、$\cdots$、x_n，$\bar{x}$是其算术平均值，则称各个测量值和$\bar{x}$之间的差为偏差，或曰残差v，即

$$偏差（残差）v_i = 测量值 x_i - 算术平均值 \bar{x} \tag{0.3}$$

$$其相对误差（E）= 偏差 v/算术平均值 \bar{x} \tag{0.4}$$

$$百分误差 E =（偏差 v/算术平均值）\times 100\% \tag{0.5}$$

2. 测量误差的分类

根据误差的性质和来源，可分三大类：系统误差、随机误差和过失误差。

1）系统误差

在一定的实验条件下（方法、仪器、环境和观测者都不变）多次测量同一量时，误差的大小和正负号保持不变，或按一定规律变化的误差，称之为系统误差。它主要来自如下几个方面：

（1）理论（方法）误差：这是由于测量所依据的理论公式自身的近似性，或实验条件满足不了理论要求，或由于所采用的方法而引起的误差。例如：测单摆周期的公式$T = 2\pi\sqrt{l/g}$，本身就是取级数的第一级近似，其成立条件为摆角趋于零，实际上是达不到的，用它的测量

数据求出的周期，必然有误差。摆角为 5.0°时，百分误差为 +0.048；摆角为 15.0°时，百分误差为 +0.48；摆角为 30.0°时，百分误差为 +1.81。又如：用伏安法测电阻，无论采用什么联线方法——电流表的内、外接，都会带来一定的误差。用单臂电桥测电阻，由于没考虑接触和接线电阻，也给测量带来误差。

（2）仪器误差：这是由于仪器固有的缺陷和没有按规定条件使用而引起的。如零值误差、调整不当引入的误差、回程差等。

（3）环境误差：由于环境条件变化所引起的误差，如温度、湿度、气压、电磁场的变化。

（4）个人误差：这是由于观测者的生理或心理个性所造成的，通常与观测者习惯有关。如按动停表时，习惯超前或滞后，观测仪器刻线的估读数习惯偏左或右。

总之，系统误差是在一定观测条件下，由一定的确定因素产生的。它不能用增加测量次数来发现和消除，只有找到系统误差的产生原因，采取相应措施才能消除其影响。

2）随机误差

在同一条件下对某量进行多次测量，各次测量值一般不完全相同。但是，对其进行大量等精度测量时，发现其误差服从一定的统计规律，这种数值大小和正负号无定常变化的误差称为"随机误差"，也叫"偶然误差"。

随机误差的产生原因主要有：① 从观测者来说，如感官的灵敏度欠佳或不恒定，操作不熟练致使每次有差异，或估读数不准，以及仪器在整个测量区间的精度不一致等；② 从环境方面来说，如温度的微小起伏、气流的微扰，以及振动、电磁场的脉动等；这些既不能消除，又无从估量的因素，均是随机误差产生的原因；③ 还有一些不可预测的次要因素，其中包括残留的、较随机误差小得多的系统误差。

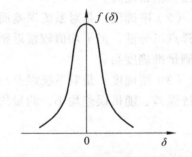

图 0.1 随机误差原理——高斯公

随机误差由于其随机性似乎毫无规律可循，但在一定的观测条件下，做次数足够多的测量便发现它遵从统计分布规律。若以随机误差 δ 为横轴，以某一误差出现的概率 $f(\delta)$ 为纵轴作图，可以得到一条曲线如图 0.1 所示。当测量次数 $n \to \infty$ 时，此曲线为正态分布曲线，即高斯分布曲线。其特征如下：

（1）有界性：误差绝对值超过某一界限的概率为零，即随机误差不会超过一定界限。

（2）单峰性：由大量重复测量所获得的测量值，是以它们的算术平均值为中心而相对集中分布的。即测量值出现在平均值附近的概率最大，并呈一个峰值，即随机误差的分布中心。

（3）对称性：即由大量重复测量所得值，是以算术平均值为中心对称分布的，绝对值相等的正误差与负误差出现的概率相等，从而具有抵偿性。当测量次数 $n \to \infty$ 时，随机误差的算术平均值 $\frac{1}{n} \sum_n \varepsilon_i \to 0$。因此，增加测量次数就可以减小随机误差，但随着 n 的增大，误差并不成正比例减小，所以测量次数应该有限。

3）过失误差

在测量中，由于读数、记录、仪器有缺陷，或因操作不当等行为，导致的测量差，称为过失误差。它严重地歪曲了客观真实，所以必须予以剔除。所依据的原则一般为 3σ 准则，此类误差，只要在实验中采取严肃、认真、细致的态度，是不难避免的。同时，对测量数据进行处理时，还要分析判别，不能草率从事。

综上所述，误差主要来源于系统误差和随机误差，它们的来源不同，性质不同，处理方法也不同。在测量中它们往往是并存的，同时对测量结果的精确度产生影响，但在系统误差未消除时，系统误差的影响是主要的；消除了系统误差，则随机误差的影响是主要的。因此，对每个实际测量要做具体分析，但其结果的总误差是其二者之和。

三、精度、精密度、准确度、精确度的概念

它们是在具有不同的误差来源的情况下，对测量结果评价的几个概念。在以后只具随机误差的情况时，对测量结果好坏的评定是用不确定度，它表示测量误差可能出现的范围，因此更能体现出测量结果的特征。

精度是一个笼统的概念。通常用以反映测量值（或示值）与真值的差异，精度高的误差小，精度低的误差大，精度等级高，低所对应的等级数由小到大。如精度为 0.5 级的电表，其精度高于 1.0 级的电表。按误差性质，精度又分为：

（1）精密度：它是对随机误差而言，即指随机误差的大小、测量数据的离散程度，如打靶，每次着弹点很接近，但却远离靶心，说明枪的准心不准，存在系统误差。结果彼此相近的测量精密度高。

（2）准确度：是对系统误差而言，准确度的好坏反映测量值接近真值的程度，若打靶时着弹点虽分散，但平均值较接近靶心，说明系统误差小，准确度高。结果比较接近客观实际的测量准确度高。

（3）精确度：是对系统误差与随机误差综合评定。既精密又准确的测量则精确度高，即系统误差、随机误差均小，测量均较接近真值，如着弹点均集中于靶心。

第二节　物理实验的基本测量方法

物理实验由三个基本部分构成，即在实验室人为再现自然界的物理现象，寻找物理规律和对物理量进行测量。因此，物理实验与物理测量有着紧密的联系，在任何物理实验中，几乎都含有测量物理量的内容。测量的最终目的是获得物理量的精确值，物理实验的最终目的是探索物理规律，测量不能替代物理实验，而物理实验中必须有测量。在物理实验中，把具有共性的测量方法叫物理实验中的测量方法，这些基本的测量方法在科研和生产实践中得到了非常广泛的应用，渗透到科学实验与工程实践的各个领域。

在详细讨论物理实验中的测量方法之前，我们简要阐述一下物理实验方法与物理实验中的测量方法之间的联系与区别。所谓物理实验方法，是指依据一定的物理现象、物理规律和物理原理，设置特定的实验条件，观察相关物理现象和物理量的变化，研究物理量之间关系的手段。而测量方法是对物理实验中的某个物理量的具体测定方法，即如何根据要求，在给

定的实验条件下，尽可能地减小测量误差，使获得的测量值更为精确的方法。可以看到物理实验方法是一个较大范畴中的概念，而物理实验的测量方法则是上述这一大范畴下次一范畴中的概念。任何物理实验都离不开物理量的定量测量，所以实验方法和测量方法两者之间相辅相成、互相依存。

不同的实验有不同的测量方法，测量方法的分类有许多种。按被测量取得的方法不同，可分为直接测量法、间接测量法和组合测量法；根据测量过程中被测量是否随时间变化，可分为静态测量法和动态测量法；根据测量数据是否通过对基本量的测量而求得，可分为绝对测量和相对测量；按测量技术不同，可分为比较法、补偿法、放大法、模拟法、干涉法、转换法、示踪法和量纲分析法等。本节将对按测量技术分类的几种方法作一介绍。

一、比较法

测量就是把被测物理量与选作计量标准单位的同类物理量进行比较的过程，找出被测量是计量单位的多少倍，这个倍数称为测量的读数，读数带上单位记录下来便是实验测量数据。可见所谓比较法就是将被测量与标准量进行比较而得到测量值的方法，它是物理测量中最普遍、最基本、最常用的测量方法。比较法可分为直接比较法和间接比较法。

1. 直接比较法

直接比较法是将被测量与同类物理量的标准量具直接进行比较，直接读数得到测量数据。例如用米尺测量长度，用钟表测量时间。直接比较法有如下特点：

（1）同量纲：被测量与标准量的量纲相同。例如用米尺测量某物体的长度，米尺与被测量同为长度量纲。

（2）直接可比：被测量与标准直接可比，从而直接获得被测量的量值。例如用天平称量物体的质量，当天平平衡时，砝码的示数就是被测量的量值。

（3）同时性：被测量与标准量的比较是同时发生的，没有时间的超前和滞后。例如用秒表测量某过程的时间，过程开始，启动秒表；过程结束，止动秒表。两者是同时开始，同时终止。直接比较法的测量精度受到测量仪器或量具自身精度的局限，因此欲提高测量精度就必须提高量具的精度。

2. 间接比较法

多数物理量难于制成标准量具，无法通过直接比较法而测出，因而先制成与待测量有关的仪器，再用这些仪器与待测量进行比较，这种仪器也称为量具，比如温度计、电表等。这种借助于一些中间量或将被测量进行某种变换，来间接实现比较测量的方法称为间接比较法。

有时仅有标准量还不够，还要配置比较系统，使被测量和标准量具能够实现比较。例如只有标准电池还不能够直接测量未知电压，还需要由比较电阻等附属装置组成电势差计才可，这种装置便称为比较系统。

还可以将被测量转换为能够进行比较的另一种物理量再进行比较。例如用李萨如图形测量交流电信号频率就是先将被测信号和标准信号同时输入示波器转换为特殊的图形后，再由标准信号的频率换算出被测信号的频率。

间接比较法的测量结果往往可以达到很高的准确度。

实际上所有测量都是将待测量与标准量进行比较的过程，只不过比较的形式有时明显，有时不那么明显而已。

二、放大法

在测量中有时由于被测量过小，用给定的某种仪器进行测量会造成很大的误差，甚至无法被实验者或仪器直接感觉和反应，此时可以借助一些方法将待测量放大后再进行测量。放大被测量所用的原理和方法便称为放大法。

放大法是常用的基本测量方法之一，它分为累计放大法、机械放大法、电磁放大法和光学放大法。许多物理量的测量，最后往往都归结为长度、时间和角度的测量，所以关于长度、时间、角度等的放大是放大法的主要内容。

1. 累积放大法

在被测物理量能够简单重叠的条件下，将它展延若干倍再进行测量的方法，称为累积放大法（叠加放大法）。如纸的厚度、金属丝的直径等，常用这种方法进行测量；又如，在转动惯量的测量中，用秒表测量三线扭摆的周期时，不是测一次扭转周期的时间，而是测出连续 40 次扭转周期的总时间 t，则三线扭摆的周期为 $T = \dfrac{t}{40}$。

累积放大法的优点是在不改变测量性质的情况下，将被测量扩展若干倍后再进行测量，从而增加测量结果的有效数字位数，减小测量的相对误差。在使用累积放大法时，应注意两点：一是在扩展过程中被测量不能发生变化；二是在扩展过程中应努力避免引入的误差因素。

2. 机械放大法

利用机械部件之间的几何关系，使标准单位量在测量过程中得到放大的方法，称为机械放大法。螺旋测微器和读数显微镜都是用机械放大法进行精密测量的典例，它们均将与被测物相连的测量尺面与螺杆连在一起，螺杆尾端加上一个圆盘，称为微分筒。若将微分筒边缘等分成 50 格，微分筒每转一圈，恰使测量尺面移动 0.5 mm，那么当微分筒转动一小格时，尺面便移动了 0.01 mm。若微分筒尺寸制作得大些，如微分筒外径 $D=16$ mm，则微分筒周长 $L=\pi D=50$ mm，微分筒上每一格的弧长便相当于 1 mm 的长度，也就是说当测量尺面移动 0.01 mm 时，在微分筒上却变化了 1 mm，微小位移被整整放大了 100 倍。由此可见机械放大法充分提高了测量仪器的分辨率，增加了测量结果的有效数字位数。

3. 电子电路放大法

在电磁类等实验中，微小的电流或电压常需要用电子仪器将被测信号加以放大后再测量。如光电效应法测普朗克常数实验中，就是将十分微弱的光电流通过微电流测量放大器放大后进行测量的；又如利用示波器将电信号放大，不仅显示直观，还可进行定量的测量，这类测量方法称为电子电路放大法。

电信号的放大很容易实现，因而电子电路放大法应用相当广泛。当前把电信号放大几个至十几个数量级已不再是难事。因此，常常在非电量的测量中，将非电量转换为电量，再将该电量放大后进行测量，这已成为科学研究与工程技术中常用的测量方法之一。应当指出，在使用电子电路放大法时，除了提高物理量本身的量值以外，还要注意提高信噪比或测量的灵敏度。

4. 光学放大法

常用体温计刻度部分的圆弧形玻璃相当于凸透镜，起放大作用，以便读数，就是光学放大法在测量中的应用。

一般的光学放大法有两种，一种是被测物通过光学仪器形成放大的像，便于观察判断，例如常用的测微目镜、读数显微镜等，这些仪器在观察中只起放大视角作用，并非把实际物体尺度加以变化，所以并不增加误差。因而许多仪器都在最后的读数装置上加一个视角放大设备以提高该仪器的测量精度。

另一种是通过测量放大后的物理量，间接测得本身极小的物理量，光杠杆就是一种常见的光学放大系统，它不仅可测长度的微小变化，如拉伸法测金属丝的杨氏模量实验中就使用了光杠杆。为了进一步提高光放大倍数，有些仪器还采用了光杠杆多次反射，最高精度可达 10^{-6} m 以上。光学放大法具有稳定性好、受环境干扰小、灵敏度高的特点。

三、平衡法

平衡态是物理学中的一个重要概念，在平衡态下，许多复杂的物理现象可以经较简单的形式进行描述，一些复杂的物理关系亦可以变得十分简明，实验会保持原始条件，观察会有较高的分辨率和灵敏度，从而容易实现定性和定量的物理分析。

所谓平衡态，其本质就是各物理量之间的差异逐步减小到零的状态。判断测量系统是否已达到平衡态，可以通过"零示法"测量来实现，即在测量中，不是研究被测物理量本身，而是让它与一个已知物理量或相对参考量进行比较，通过检测并使这个差值为"0"，再用已知量或相对参考量描述待测物理量。利用平衡态测量被测物理量的方法称为平衡法。例如利用等臂天平称衡时，当天平指针处在刻度的零位或在零位左右等幅摆动时，天平达到力矩平衡，此时物体的质量（作为待测物理量）和砝码的质量（作为相对参考量）相等；温度计测温度是热平衡的典例；惠斯通电桥测电阻亦是一个平衡法的典型例子。

四、补偿法

补偿法也是物理实验中常用的测量方法之一。所谓补偿指的是某一系统若受某种作用产生 A 效应，受另一种同类作用产生 B 效应，如果由于 B 效应的存在而使 A 效应显示不出来，就叫作 B 效应对 A 效应进行补偿。利用补偿概念来进行测量的方法叫补偿法。补偿法往往要与平衡法、比较法结合使用，大多用在补偿法测量和补偿法校正这两个方面。

1. 补偿法测量

设某系统中 A 效应量值为测量对象，但由于 A 效应的量值不能直接测量，或难于准确测量，就用人为方法构造一个 B 效应与 A 效应补偿，构造 B 效应的原则是 B 效应量值应易于测量或完全已知。于是用测量 B 效应量值的方法求出 A 效应的量值。

我们常见的测力仪器，如弹簧秤就是采用了最简单的补偿法所形成的补偿装置。因为在力学测量中常常是人为施力于系统使之与待测力达到平衡，也就是与待测力补偿从而求得待测力。物理实验中电桥应用非常广泛，种类也很多，它是利用电压补偿原理，并通过指零装置——灵敏电流计来显示出待测电阻（电压）与补偿电阻（电压）比较结果的。

补偿测量系统一般由待测装置、补偿装置、测量装置和指零装置四个基本部分组成。待测装置产生待测效应，它要求待测量尽量稳定，便于补偿；补偿装置产生补偿效应，并要求补偿量值准确达到设计的精度；测量装置可将待测量与补偿量联系起来进行比较；指零装置是一个比较系统，它将显示出待测量与补偿量比较的结果。比较法可分为零示法和差示法，零示法是完全补偿，差示法是不完全补偿，一般都采用零示法，因为人眼对刻线重合比刻线不重合去估读判断能力要高出近 10 倍，从而可以提高补偿测量的精度。

2. 用补偿法修正系统误差

测量过程中往往由于存在某些不合理因素而导致系统误差，且又无法排除，于是人们想办法制造另一种因素去补偿这种不合理因素的影响，使得这种因素的影响消失或减弱，这个过程就是用补偿法修正系统误差。

如在测量电路中的电流时需在电路中串入一个电流表，在测量电路中某两点之间的电压时需在这两点并联一个电压表，在原有电路中串入电流表或并联电压表都将改变原电路的结构，使测量结果与原电路中的实际数值不相符，而通过补偿法可减少这种系统误差。

又如在光学实验中为防止由于光学元件的引入而影响光程差的对比，因而在光路中人为地适当安置某些补偿元件来抵消这类影响，迈克耳孙干涉仪中的补偿板正是起着这一作用。

五、转换法

1. 转换测量的定义与意义

许多物理量，由于属性关系无法用仪器直接测量，或者即使能够进行测量，但测量起来也很不方便，且准确性差，为此常将这些物理量转换成其他能方便、准确测量的物理量来进行测量，之后再反求待测量，这种测量方法叫转换法。最常见的玻璃温度计，就利用在一定范围内材料的热膨胀与温度的关系，将温度测量转换为长度测量。由上述转换法测量的定义可知，转换法测量至少有下述几方面的意义。

（1）把不可测的量转换为可测的量。

质子衰变为此类问题的一个典型。长期以来人们认为质子是一种稳定的粒子，但进一步的理论预言，质子的寿命是有限的，质子也会衰变成正电子及介子，其平均寿命约 10^{31} 年。这个时间是一个不可测出的时间，也是等待不到的时间，地球也只存几十亿年（10^9 年）。于是解决的途径是：如果用 10^{33} 个质子（每吨水约有 10^{29} 个质子），则一年内可有近 100 个质子发生衰变，使原来根本没有可能实现的事情现在变成有可能实现了。这里把时间概率转换为空间概率，从而把不能测的物理量变为可以测量的了。

我国古代曹冲称象的故事，也包含了把不能直接测的大象的重量，变成可测的石块的重量这一转换法思想。

（2）把不易测准的量转换为可测准的量。

有时某个物理量虽然在某种条件下是可以测定的，其实验方案也可以实现，但是这种测量只能是粗略的测量，换一个途径则可测得准确些。最典型的例子就是利用阿基米德原理测量不规则物体的体积，把不易测准的不规则物体的体积变成容易准确测量的浮力来测量。

（3）用测量改变量替代测量物理量。

把测量物理量变为测量该物理量的改变量也是转换测量法的一种。在基础实验中，金属丝杨氏模量的测量就是通过金属丝长度的改变量 Δl 的测量来进行的。

（4）绕过一些不易测准的量。

在实际的实验或测量工作中，可以测量的量，可以选择的条件是众多的，在这样的情形下，可以在一定的范围内，绕过一些测不准或不好测的量，选择一些容易测准的量来进行测量。例如，光电效应法测普朗克常量 h 实验中利用了爱因斯坦的光电效应方程

$$V_S = \left(\frac{h}{c}\right) \cdot v - \frac{W_0}{e} \qquad (0.6)$$

测出不同入射光频率 v 对应的光电流截止电压 $V_S - v$ 关系直线，由该直线的斜率可方便地求出普朗克常量 h，而不必考虑金属表面的逸出功 W_0 究竟为多少。

2. 两种基本的转换测量法

1）参量转换法

利用各种参量变换及其变化的相互关系来测量某一物理量的方法称为参量转换法。例如在拉伸法测金属丝的杨氏模量实验中，依据胡克定律在弹性限度内，应力 $\frac{F}{S}$ 与应变 $\frac{\Delta L}{L}$ 成正比，即

$$\frac{F}{S} = E \cdot \frac{\Delta L}{L} \qquad (0.7)$$

其比例系数即为金属丝的杨氏模量。利用此关系式，将关于杨氏模量 E 的测量转换为应力 $\frac{F}{S}$ 与应变 $\frac{\Delta L}{L}$ 的测量了。

2）能量转换法

能量转换法是利用换能器（如传感器）将一种形式的能量转换为另一种形式的能量来进行测量的方法，一般来说是将非电学物理量转换成电学量。如热电转换，就是将热学量转换为电学量的测量；压电转换，就是将压力转换为电学量的测量；光电转换，就是将光学量转换为电学量的测量；磁电转换，就是将磁学量转换为电学量的测量。

能量转换法的主要优点有：

（1）非电量转换成电学量信号，由于电信号容易传递和控制，因而可方便地进行远距离的自动控制和遥测。

（2）对测量结果可以数字化显示，并可以与计算机相连进行数据处理和在线分析。

（3）电测量装置的惯性小、灵敏度高、测量幅度范围大、测量频率范围宽。

因此，能量转换法在科学技术与工程实践中得到了广泛的应用，特别在静态测试向动态

测试的发展中显示出更多的优越性。

3. 转换法测量与传感器

转换法测量最关键的器件是传感器。传感器种类很多，从原则上讲所有物理量都能找到与之相应的传感器，从而将这些物理量转换为其他信号进行测量。

一般传感器由两个部分组成，一个是敏感元件，另一个是转换元件。敏感元件的作用是接收被测信号，转换元件的作用是将所接受的待测信号按一定的物理规律转换为另一种可测信号。传感器性能的优劣由其敏感程度以及转换规律是否单一来决定。敏感程度越高，测量越精确；转换规律越单一，干扰就越小，测量效果就越好。例如，磁敏传感器是一种磁电转换器件，其基本原理是霍尔效应和磁阻效应。在用霍尔元件测磁场实验中就是将磁学量的测量转换为电学量的测量来进行的。

传感器是现代检测、控制等仪器设备的重要组成部分，由于电子技术的不断进步，计算机技术的快速发展，传感器在现代科技与工程实践中的重要地位越来越突出，成为一门新兴的科学技术。

六、模拟法

模拟法是一种综合研究被测物理属性或规律的实验方法，它以相似理论为基础，设计与被测原型（被测物、被测现象等）有物理或数学相似的模型，然后通过对模型的测量间接测得原型数据或了解研究原型的性质及规律，这使我们对诸如过分庞大（如大型水坝等）、十分危险（如原子能反应堆等）或变化缓慢而难于直接进行测量的研究对象（如星体的寿命等）得以通过模拟法进行测量研究，这可使十分抽象的物理理论具体化。模拟实验能方便地使自然现象重现；可进行单因素或多因素的交叉实验；能加速或减缓物理过程的进行过程；甚至有时可以用实物的部件进行模拟实验，取得更确切的数据，获得更准确的信息。因而无论在科学研究，还是在工程设计与实践等方面广泛地使用了模拟法，大大节省了人力、物力和财力，少走弯路，提高效率。

模拟法可分为物理模拟法、数学模拟法和计算机模拟法。本节主要介绍前两种。

1. 物理模拟法

保持同一物理本质的模拟方法称为物理模拟法，它必须具备这样一些条件。首先，要求模型的几何尺寸与原型的几何尺寸成比例地缩小或放大，即在形状上模型与原型完全相似，这称为几何相似条件；其次，要求模型与原型遵从同样的物理规律，只有这样才能用模型代替原型进行物理规律范围内的测试，这称为物理相似条件。

2. 数学模拟法

两个完全不同性质的物理现象或过程，依赖于它们的数学方程形式的相似而进行的模拟方法，称为数学模拟法。数学模拟法又称类比法，它既不满足几何相似条件，也不满足物理相似条件，原型和模型在物理规律的形式和实质上均毫无共同之处，只是它们遵从了相同的数学规律。

在模拟法描绘静电场实验中，就是用稳恒电流场的等势线来模拟静电场的等势线，这是因为电磁场理论指出，静电场和稳恒电流场具有相同的数学方程式。而我们知道，直接对静电场进行测量是十分困难的，因为任何测量仪器的引入都将明显地改变静电场的原有状态。

力电模拟也是一种常用的数学模拟。在实际问题中，改变一些力学量，不是轻而易举的事，而在实验电路中改变电阻、电容和电感的数值是很容易实现的。例如，质量为 m 的物体在弹性力 $-kx$、阻尼力 $-a\dfrac{\mathrm{d}x}{\mathrm{d}t}$ 和策动力 $F_0\sin\omega t$ 的作用下，其振动方程为

$$m\frac{\mathrm{d}^2x}{\mathrm{d}t^2}+a\frac{\mathrm{d}x}{\mathrm{d}t}+kx=F_0\sin\omega t \qquad (0.8)$$

而对 RLC 串联电路，加上交流电压 $V_0\sin\omega t$ 时，电荷 Q 的运动方程为

$$L\frac{\mathrm{d}^2Q}{\mathrm{d}t^2}+R\frac{\mathrm{d}Q}{\mathrm{d}t}+\frac{1}{C}Q=V_0\sin\omega t \qquad (0.9)$$

上述两式是形式上完全相同的二阶常系数常微分方程，利用其系数的对应关系，就可把上述力学振动系统用电学振动系统来进行模拟。

七、干涉法

应用相干波干涉时所遵循的物理规律，进行有关物理量测量的方法，称为干涉法。利用干涉法可进行物体的长度、薄膜的厚度、微小的位移与角度、光波波长、透镜的曲率半径、气体或液体的折射率等物理量的精确测量，并可检验某些光学元件的质量等。

例如，在著名的牛顿环实验中，可通过对等厚干涉图样牛顿环的测量，求出平凸透镜的曲率半径；在迈克耳孙干涉仪的使用实验中，应用干涉图样，可准确地测定光束的波长、薄膜的厚度、微小的位移与角度等物理量。

测量振动频率的重要方法之一就是共振干涉法。将一未知振动施加于频率可调的已知振动系统，调节已知振动系统的频率，当两者发生共振时，则此已知频率即是该未知系统的固有频率。如振簧式频率计的工作原理就是共振干涉法。

在用驻波法测定声波波长实验中，由于驻波是由振幅、频率和传播速度都相同的两列相干波在同一直线上沿相反方向传播时叠加而形成的一种特殊形式的干涉现象，当其反射波的频率与入射波的频率相同时，将形成共振，此时驻波最为显著。基于这一原理，通过改变反射面和发射面的距离，用压电陶瓷换能器将声波的能量转换为电能，通过示波器所呈现的李萨如图形等来确定驻波的波节位置和相应的波长，从而测定声波的波长。

第三节　系统误差的发现及处理

在科学实验、劳动生产乃至日常生活的计量中，系统误差往往是影响测量结果的主要因素，但它又不能被轻易察觉。例如，我们在街上买水果，所用的杆秤秤砣，比标准质量少了

10 g，且秤杆以 10 g 为最小分度值，那么它给我们短少的质量将不止 10 g，而是 10 g 的倍数。买得越多，缺少的质量也越多（属系统误差）。这时我们去仔细辨读是 10 g 还是 8 g 还有意义吗？因此，发现系统误差，估计它对测量结果的影响，并设法减少乃至消除，就成为测量中误差分析的一个至关重要的问题了！

测量的条件一旦确定，系统误差随之也被确定了，条件变化，它将随之而变。系统误差有其确定值，或依一定规律变化，但它不遵从什么统一的规律，这就给消除系统误差对测量的影响带来了困难。但是，只要具有相应的专业知识、丰富的实践经验、认真细致的工作精神，具体分析测量所依据理论、方法和每件仪器、每个步骤以及所得测量数据，不难逐一找出系统误差产生的根源，并一一排除或修正。

一、系统误差的发现

下面从一般意义上介绍几种有效地发现系统误差的途径。

1. 分析测量所依据的理论（包括公式、原理图）所要求的约束条件是否得到满足

测单摆的周期公式 $T = 2\pi\sqrt{l/g}$，此公式在摆角很小（$\theta \approx \sin\theta$）的情况下成立。它是一个级数的一级近似解。又如伏安法测电阻，是根据欧姆定律 $R = V/I$ 进行的。V 和 I 是电阻 R 两端的电压和通过它的电流，从测量电路图可知，采用"内""外"接法，都不能同时消除仪表的分压和分流给测量带来的影响，只有根据电压、电流表的内阻按公式给予修正。

2. 分析仪器所要求的使用条件是否得到满足

例如：使用天平，必须先调水平、零点。用电位差计测电动势 ε 时，必须对标准电池作适合环境温度的修正。诸如此类，在测量中比比皆是，稍有忽视，就会给测量结果带来很大的误差。

3. 对比测量（实验）

（1）实验方法的对比：用不同的方法测同一物理量，假如他们在随机误差范围内不重合，至少说明两者之一存在系统误差。

（2）仪器对比：如用两块电流表串于同一电路中，读数不一致，至少说明其中一个不准。一般地讲，如果其中有一块表为高一级（或两级），则可作为低一级表的标准值了。

（3）改变测量方法：如在增加砝码与减少砝码过程中分别读数，如没有异常值，则取平均值，在用拉伸法测杨氏弹性模量时就是这样做的。

（4）改变实验中某些参量的数值：如改变电路中的电流值，测量结果有单调的或有规律的变化，说明有某种系统误差存在。

（5）改变实验条件：如将电路中元件或布线变动一下，看仪表有何变化。

（6）两个人对比实验，可发现个人引起的误差，等等。

4. 数据分析

有系统误差的测量，其测量结果应遵从统计规律，如将所测数据依次排列，其偏差呈单调上升或下降，或呈有规律的变化，则说明有系统误差存在，其规律对应着线性或周期性变

化的系统误差；还有，可将偏差的前半部与后半部取代数和，其值应明显接近零，不然，说明有系统误差存在；进一步可根据随机误差的处理予以判定。

二、系统误差的修正和消除

如前所述，在测量中，系统误差不能被明显地察觉，要发现和估计系统误差对测量的影响，常取决于实验者的丰富经验和敏锐的判断能力，这里所说的对系统误差的修正和消除，也只能是使测量值较之更接近客体的真值，而不能绝对地做到"消除"。通常只要做到系统误差值处于随机误差所在最后一位的 1/2，就算是完全消除了它的影响。如何消除系统误差，要看具体问题分析而定，下面着眼于系统误差产生的根源及表现的特征形式，采取相应措施，概略介绍如下：

1. 消除系统误差产生的根源

（1）采用符合测量的客观环境与精度要求的理论公式（包括电路原理图）。
（2）消除仪器的零位误差。
（3）保证测量仪器在规定的条件下运行。
（4）采用某种测量方法，从根本上消除某参入测量的参量，从而消除该参量的系统误差，如替换法，即在测量装置上对被测未知量测量后，再用一个已知参量（或标准量），去替换未知量去进行测量，则已知参量的标值，即为未知量之值；又如交换法（异号法），使测量结果的误差等值反号，从而达到相消的目的，在天平称衡时，微小的不等臂将给称量带来系统误差，这时只要将砝码与重物交换位置重测一次，其几何平均值即未知量之测量值，并消除了由于不等臂带来的系统误差。

2. 对测量结果修正，消除系统误差

（1）校准仪器，用标准仪器校准工作仪器，得出修正值或校准曲线，测量时应加上修正值，或读出对应校准曲线的示值。
（2）对理论公式进行修正，找出修正值，并根据测量的精度要求，使公式近似到相应的程度。

此外，还有根据具体情况采取特殊消除系统误差的方法，如双电桥对接触和引线电阻的消除。

第四节　随机误差的处理

实验中即使采取了措施对系统误差进行修正或消除，但仍存在随机误差。

在同一量的多次测量中，各测量数据的误差值或大或小，或正或负。以不可确定的方式变化的误差称为随机误差。

随机误差决定测量结果的"精密"程度。

随机误差的特点是：表面上单个值没有确定的规律，但进行足够多次的测量后可以发现，

误差在总体上服从一定的统计分布，每一误差的出现都有确定的概率。

随机误差是由许多随机因素综合作用造成的，这些误差因素不是在测量前就已经固有的，而是在测量中随机出现的。其大小和符号的正负各不相同，又都不很明显，所以随机误差不能完全消除，只能根据其本身存在的规律用多次测量的方法来减小。

实践表明，绝大多数随机误差分布都服从正态分布。正态分布具有有限性、抵偿性、单峰性和对称性。

作为随机变量，随机误差 δ 的统计规律可由分布密度 $f(\delta)$ 给出完整的描述。由随机误差的特性，从理论上可得到：

$$f(\delta) = \frac{1}{\sigma\sqrt{2\pi}}\exp\left(-\frac{\delta^2}{2\sigma^2}\right) \tag{0.10}$$

式中，参数 σ 称为标准差，其正态分布密度曲线如图 0.2 所示。分布密度满足归一化条件：

$$\int_{-\infty}^{\infty} f(\delta)\mathrm{d}\delta = 1 \tag{0.11}$$

这一积分是整个曲线下的面积，代表测量的随机误差全部取值的概率。而在任意区间 $[a,b]$ 内的概率为

$$P = \int_{a}^{b} f(\delta)\mathrm{d}\delta \tag{0.12}$$

这一概率是区间 $[a,b]$ 上分布密度曲线下的面积。

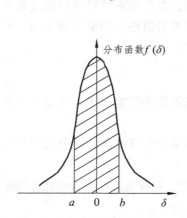

图 0.2　标准差的分布密度曲线

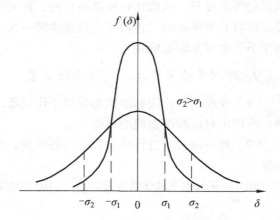

图 0.3　不同 σ 的分布密度曲线

国际上通用以标准误差（偏差）评价测量数据，我们在实验中的误差处理，也应以此为准，加之计算器（机）上均有标准误差、标准偏差功能键，计算起来也十分方便。下面给出有关标准差的一些基本概念。

1. 算术平均值

对某物理量在等精度条件下进行了 n 次测量，得一组数据为 x_1、x_2、$\cdots$、x_n。该组数据称之为测量列，根据最小二乘法原理可以证明，其算术平均值

$$\bar{x} = \frac{1}{n}\sum_{i=1}^{n} x_i \tag{0.13}$$

为被测量的最佳估计值，可视为相对真值。

2. 标准偏差

标准偏差的计算可由贝塞尔（Bessel）公式得到

$$\hat{\sigma} = \sqrt{\frac{\sum_{i=1}^{n}(x_i - \bar{x})^2}{n-1}} \tag{0.14}$$

如图 0.3 所示，标准偏差越小，相应的分布曲线越陡峭，说明随机误差取值的分散性小、测量精度高，标准偏差越大，则测量精度越低。

根据概率和数理统计理论，对于服从正态分布的任一测量值的随机误差，有：

落在（$-\hat{\sigma}$，$+\hat{\sigma}$）区间的概率 $P = 68.3\%$；

落在（$-2\hat{\sigma}$，$+2\hat{\sigma}$）区间的概率为 $P = 95.4\%$；

落在（$-3\hat{\sigma}$，$+3\hat{\sigma}$）区间的概率为 $P = 99.7\%$。

3. 算术平均值的标准偏差

实际测量中，由于测量次数有限，如果进行多组重复测量，则每一组所得到的算术平均值一般也不会相同，因此，算术平均值也存在误差，用算术平均值的标准偏差 $\sigma(\bar{x})$ 表示。

它表示算术平均值的误差 $\varepsilon(\bar{x})$ 落在 $-\sigma(\bar{x}) \sim +\sigma(\bar{x})$ 的概率为 68.3%，由于算术平均值比单个测量值更可靠，因而 $\sigma(\bar{x})$ 值当小于 $\hat{\sigma}$，由概率论可以知道

$$\sigma(\bar{x}) = \sqrt{\frac{\sum(x_i - \bar{x})^2}{n(n-1)}} \tag{0.15}$$

4. 测量值中异常数据的剔除

比如研究一个国民经济收入调查报告，以确定家庭的年收入水平，并实施相应的对策，如征收个人所得税，或发放补贴、贷款等。如果在调查表中年收入逾 10 万的有两户，他们在总体的家庭平均收入上，其贡献也许是不超常的。但假如我们只抽取 20 户作为样本，用以估计家庭的收入情况，这两户的抽中率是很小的，假如在这 20 户抽样中，恰好这两户被抽中，那么这两户对二十户平均收入的贡献将是很大的，并且给抽样调查得出一个错误的结论（随之而来的是不实际的决策）。所以，这两户高收入家庭应该剔除，再以其余 18 户平均收入作为整体的取样。这个例子较好地符合我们实验中测量的异常数据的剔除。

1）3σ 准则（又叫拉依达方法）

在测量列中，某测量数据与平均值之差大于标准偏差 σ 的三倍，就应剔除，则置信区间为（$\bar{x}-3\sigma_x, \bar{x}+3\sigma_x$）。这是一种很粗略的方法，同样的（$\bar{x}-3\sigma_x, \bar{x}+3\sigma_x$）区间的置信水平是随测量次数而变的。当 $n\to\infty$ 时，在正态分布条件下，（$\bar{x}-3\sigma_x, \bar{x}+3\sigma_x$）区间内的置信水平为 99.7%，但实验中测量次数是有限的，自然不遵从正态分布条件。

2）肖维涅准则

在标准误差为 σ 的一组测量中，若某测量值的误差，出现的概率小于 $1/(2n)$ 时（n 为测量次数），则该值为异常值，应予剔除，为了使用方便，对于 n 次测量，已计算出满足肖维涅准则的极限误差值 σ_m（表 0.1）。当某次测量值的误差大于此极限时，则该测量值被看成异常值予以剔除。

表 0.1　肖维涅准则用表

n 测量次数	σ_m 极限误差	n 测量次数	σ_m 极限误差	n 测量次数	σ_m 极限误差	n 测量次数	σ_m 极限误差
5	1.65σ	9	1.92σ	13	2.07σ	17	2.18σ
6	1.73σ	10	1.96σ	14	2.10σ	18	2.20σ
7	1.79σ	11	2.00σ	15	2.13σ	19	2.22σ
8	1.86σ	12	2.04σ	16	2.16σ	20	2.24σ

在实际工作中，测定次数较少，按上述公式计算出入较大。因此常用 t 分布函数计算误差，并用肖维涅或 3σ 法则检验。

例：对某量进行 8 次测量，测得值为 $x_1=802.40$，$x_2=802.50$，$x_3=802.38$，$x_4=802.48$，$x_5=802.42$，$x_6=802.46$，$x_7=802.45$，$x_8=802.43$。求标准偏差、算术平均值的标准偏差，并用 3σ、肖维涅准则判断测量值。

解：利用贝塞尔公式，所有计算列于表 0.2：

表 0.2　计算列表

i	x_i	v_i	v_i^2	i	x_i	v_i	v_i^2
1	802.40	-0.04	0.001 6	5	802.42	-0.02	0.000 4
2	802.50	0.06	0.003 6	6	802.46	0.02	0.000 4
3	802.38	-0.06	0.003 6	7	802.45	0.01	0.000 1
4	802.48	0.04	0.001 6	8	802.43	-0.01	0.000 1
和		0.00			0.011 4		
均	802.44						

标准偏差：　$\hat{\sigma}^2=\dfrac{0.014\,4}{8-1}=0.001\,63$，$\hat{\sigma}=0.04$

算术平均值的标准偏差：　$\sigma(\overline{x})=\dfrac{\hat{\sigma}}{\sqrt{n}}=0.02$

根据拉依达（3σ）准则 $\sigma_m=3\times0.04=0.12$，全部 v_i 合格。

根据肖维涅准则，$n=8$ 时，$\sigma_m=1.86$，$\hat{\sigma}=0.074$，全部 v_i 也合格。

结果报告：

$$x_i=802.44\pm0.04$$
$$x_{\overline{x}}=802.44\pm0.02$$

5. 非等精度测量值及其误差计算

测量值为非等精度测量所得时，要求出最佳值，不是采取前面简单的算术平均，而是要用加权平均，"权"的大小取决于测量的精确程度，即标准误差的大小。

设 x_1、x_2、$\cdots$、x_n 为非等精度测量得值，其"权"重分别为 ω_1、ω_2、$\cdots$、ω_n，则加权平均值为

$$\bar{x} = \frac{\sum \omega_i x_i}{\sum \omega_i} \tag{0.16}$$

其中 $\omega_i = \dfrac{1}{\sigma_i^2}$，则

$$\bar{x} = \frac{\sum \dfrac{x_i}{\sigma_i^2}}{\sum \dfrac{1}{\sigma_i^2}} \tag{0.17}$$

其标准偏差

$$\sigma(\bar{x}) = \sqrt{\frac{\sum \left(\dfrac{1}{\sum \sigma_i^2}\right)^2 \sigma_i^2}{\left(\sum \dfrac{1}{\sigma_i^2}\right)^2}} \tag{0.18}$$

第五节　仪器误差

一、仪器的最大误差 $\Delta_{仪}$

测量是用仪器或量具进行的。有的仪器比较粗糙或灵敏度较低，有的仪器比较精确或灵敏度较高，但任何仪器都存在误差。仪器误差就是指在正确使用仪器的条件下，测量所得结果的最大误差。

仪器准确度的级别通常是由制造工厂和计量机构使用更精确的仪器、量具，经过检定比较后给出的。由所用仪器的量程和级别（或只有级别）就可以算出仪器误差 $\Delta_{仪}$ 的大小。下面列举几种常用器具的仪器误差。

（1）游标卡尺、螺旋测微计（千分尺）的仪器示值误差。游标卡尺不分精度级别，一般测量范围在 300 mm 以下的卡尺其分度值便是仪器的示值误差，因为确定游标卡尺上哪条线与主尺上某一刻度对齐，最多只可能有一正负一条线之差。如表 0.3。

表 0.3　游标卡尺和螺旋测微计的仪器示值误差

范围测量	分度值		
	0.02 mm	0.05 mm	0.1 mm
0～300 mm	+ 0.02 mm	+ 0.05 mm	+ 0.1 mm
300～500 mm	+ 0.04 mm	+ 0.05 mm	+ 0.1 mm

螺旋测微计分零级和一级两类，通常实验室使用的为一级，其示值误差也根据测量范围不同而不同。如表 0.4。

表 0.4　螺旋测微计的仪器示值误差

测量范围/mm	0～100	100～150	150～200
示值误差/mm	± 0.004	± 0.005	± 0.006

（2）物理天平的示值误差。物理实验室中常用物理天平，某些型号物理天平的感量及其允许误差举例如表 0.5。

表 0.5　物理天平的示值误差

型号	最大称量/g	感量/mg	不等臂偏差/mg	示值变动性误差/mg
WL	500	20	60	20
WL	1000	50	100	50
TW—02	200	20	<60	<20
TW—0.5	500	50	<150	<50
TW—1	1000	100	<300	<100

（3）电表的示值误差。根据中华人民共和国国家标准《电气测量指示仪表通用技术条例》（GB 776—65），规定电表准确度 S_n 分为 0.1、0.2、0.5、1.0、1.5、2.5、5.0 七级，在规定的条件下使用时，其示值 x 的最大绝对误差为

$$\Delta_{仪} = \pm 量程 \times 准确度等级\% \tag{0.19}$$

例如：0.5 级电表量程为 3 V 时

$$\Delta_{仪} = \pm 3 \times (0.5/100) = \pm 0.015 \text{ V}$$

二、仪器的标准误差

仪器的误差在$[-\Delta_{仪}, \Delta_{仪}]$范围内是按一定的概率分布的，在相同条件下大批生产的产品，其质量指标一般服从正态分布，由正态分布函数的性质可知，误差大于三倍标准差的概率不到 0.3%，所以其"等价标准误差" $\sigma_{仪} = \Delta_{仪}/3$（$P = 0.683$）。

也有一些仪器的质量指标在$[-\Delta_{仪}, \Delta_{仪}]$范围内是服从均匀分布的，标准误差 $\sigma_{仪} = \Delta_{仪}/\sqrt{3}$。

第六节　测量值的有效数字及其运算

一、有效数字的一般概念

实验中要记录数据并进行运算，记录的数据应取几位，运算后应保留几位，这涉及有效数字的问题。

测量中读取数据时，除要读取仪器最小分度值的"可靠数字"外，对于标刻度的量具和仪器，如果被测量量很明确、照明好、仪器的刻度清晰，还应估读仪器最小分度的下一位，通常称这个估读的数字为"可疑数字"。可疑数字在一定程度上也反映了客观实际，因此在记录数据时应保留一位可疑数字，有效数字由可靠数字和可疑数字构成。

用数字式仪表测量，凡是能稳定显示的数值都应记录下来，其数值的位数就是该测量值的有效数字。如果测量值的末位或末两位数字变化不定，应当记录稳定的数值加下一位正在显示的值，或者根据其变化规律，四舍五入到读数稳定的那一位。如果两位以上的数字都变化不定，应考虑选择更合适的量程或更合适的仪器。如用米尺测量一个边缘磨损的桌子的长度，因被测量自身的不确定性，就只能读到毫米了，表示估计误差在毫米这一位。

识别有效数字的位数必须注意"0"的位置，有效数字左起第一个非"0"数字前的"0"不计算有效数字的位数，而其尾部的"0"都应计算有效数字的位数，如某物体重量为 0.80 200 kg，第一个"0"不表示有效数字，如用克为单位可写成 802.000 g，这两种表示完全等效，均为六位有效数字。由此例还可见，有效数字的位数与十进制单位的变化无关，即与小数点的位置无关，但要注意进行单位变换时，数据后面的"0"不能随便加减。为避免出错，通常用科学表示法记录数据，上例可写成 $8.020\ 00 \times 10^{-1}$ kg 或 $8.020\ 00 \times 10^{2}$ g。

二、有效数字计算规则

在数据处理中，为了不因计算而引入误差，一般应遵循这样几个原则：

（1）可靠数字与可靠数字相运算，结果仍为可靠数字；可疑数字与可靠数字或可疑数字相运算，结果为可疑数字。

（2）运算结果一般只保留一位可疑数字，末尾多余的可疑数字截取时，被截去的尾数大于五的一律进位；小于五的一律舍去；恰为五时，能使保留位凑成偶数时则进位，否则舍去。

（3）常数、无理数和常系数如π、$\sqrt{2}$ 和 2、$\dfrac{1}{2}$ 等的位数可以认为是无限制的，所取位数应足够多，以免引入计算误差。

举例：计算时，常在可疑数字的上方加一横线，以示与可靠数字区别。

加减法：根据规则（1）、（2）可得（0.20）式，利用加减法修约方法后运算可得（0.21）式，两式的结果相同，修约方法是以参与运算数据的可疑数字数位最高的为标准，将其他各项进行截取至比"标准"的可疑数字的数位低一位，运算结果的可疑数字的位数与"标准"一致。

$$
\begin{array}{r}
14.6\overline{1}\\
2.226\overline{0}\\
+\;\;0.0067\overline{2}\\
\hline
16.8\overline{4}27\overline{2}
\end{array}
\qquad
\begin{array}{r}
14.6\overline{1}\\
2.22\overline{6}\\
+\;\;0.00\overline{7}\\
\hline
16.8\overline{4}3
\end{array}
\qquad
\begin{array}{r}
2.323\overline{5}\\
\times\;\;\;\;2.\overline{2}\\
\hline
46470\\
+46470\\
\hline
5.\overline{1}1170
\end{array}
\qquad
\begin{array}{r}
2.3\overline{2}\\
\times\;\;2.\overline{2}\\
\hline
464\\
+464\\
\hline
5.1\overline{0}4
\end{array}
$$

（0.20）式　　　　　　（0.21）式　　　　　　（0.22）式　　　　　　（0.23）式

乘除法：

（0.22）式由规则（1）、（2）所得，（0.23）式为修约后运算的结果，二者答案均是 $5.\overline{1}$，乘除法的修约方法是以其中有效数字最少的因子为标准，将其他各因子进行截取至比"标准"因子的有效数字位数多一位，运算结果的位数与"标准"一致。

对不同位数的有效数字进行运算时，其结果的有效数字位数应取得恰当，取少了会带来附加的计算误差，取多了从表面上看似精度高些，实际上毫无意义，反而给人以错误的印象和带来不必要的繁杂，当遇到在一个式中有多个数字连续乘除时，对计算结果位数的确定，一般不必逐个运算考虑，而只取参与运算中位数最少者的位数或再加一位即可。

三、测量结果有效数字的确定

测量结果有效数字的确定方法是：实验后计算误差，误差一般只取一位或两位有效数字，对误差项截去多余的尾数时按有效数字尾数的取舍法则是"四舍六入五凑偶"法则，即对保留数字末位的后面部分的第一个数，小于 5 则舍，大于 5 则入，等于 5 则把保留数的末位凑为偶数。例如 4.855 4 取四位有效数字是 4.855，取三位有效数字是 4.86，取两位有效数字是4.8，然后使结果的最末一位与误差项的最末位对齐。

第七节　测量结果的评定和不确定度

在工程技术方面，对测量结果的评定，目前国际上形成了较为统一的测量不确定度的表达方式，我国也实行了相应的技术规范。近几年来，为适应国民经济发展对人才培养的要求，作为教学内容的改革，物理实验中也逐步尝试用不确定度来评定测量结果。

1. 不确定度的概念

测量不确定度是指由于误差存在而产生的测量结果的不确定性，表征被测量的真值所处的量值范围的评定。一个完整的测量结果不仅要标明其量值的大小，还要标出不确定度，以表明该测量结果的可信赖程度。

2. 不确定度的两类分量

传统上把误差分为随机误差和系统误差，但在实际测量中，有相当多情形很难区分误差的性质是随机的还是系统的，况且有的误差还具有随机和系统两重性，如，电测量仪表的准确度等级就是系统和随机误差的综合，一般无法将系统误差和随机误差严格分开计算。而不确定度取消了系统误差和随机误差的分类方法。不确定度按计算方法的不同分为 A 类分量和 B 类分量。

（1）测量列的 A 类标准不确定度。

是指可以用统计方法评定的不确定度分量，用 s_i 表示，如测量读数具有分散性，测量时温度波动影响等。当测量次数趋于无限时这类不确定度被认为服从正态分布规律。因此，可以用测量列平均值的标准偏差表示，即

$$s_i = \sqrt{\frac{\sum\limits_{i=1}^{n}(x_i - \overline{x})^2}{n(n-1)}} = \frac{\sigma}{\sqrt{n}} = s_{\overline{x}} \tag{0.24}$$

当测量次数趋于无限时，算术平均值将无限接近待测物理量的客观值，为最佳值。s_i 的统计意义为：待测物理量落在 $[\overline{x} - s_i, \overline{x} + s_i]$ 区间内的概率为 68.3%，落在 $[\overline{x} - 2s_i, \overline{x} + 2s_i]$ 区间内的概率为 95.4%，落在 $[\overline{x} - 3s_i, \overline{x} + 3s_i]$ 区间内的概率为 99.7%。

测量次数趋于无穷只是一种理论情况，这时物理量的概率密度服从正态分布规律，当次数减少时，概率密度曲线变得平坦。成为 t 分布，也叫学生分布。当测量次数趋于无限时，t 分布过渡到正态分布。

对有限次测量的结果，要保持同样的置信概率，显然要扩大置信区间，把 s_i 乘以一个大于 1 的因子，在 t 分布下，A 类不确定度记为

$$S = t_p s_{\overline{x}} \tag{0.25}$$

要使测量值落在平均值附近，具有与正态分布相同的置信概率，如 $P = 0.68$，置信区间要扩大为 $[-t_p s_{\overline{x}}, +t_p s_{\overline{x}}]$，与测量次数有关。

表 0.6 给出不同置信概率下 t 因子与测量次数的关系。（有些资料用自由度 ν 代替测量次数 n，对于一个物理量的测量，$\nu = n - 1$）

表 0.6　t 与 n 的关系

n	3	4	5	6	7	8	9	10	15	20	∞
$t_{0.68}$	1.32	1.20	1.14	1.11	1.09	1.08	1.07	1.06	1.04	1.03	1
$t_{0.90}$	2.92	2.35	2.13	2.02	1.94	1.86	1.83	1.76	1.73	1.71	1.65
$t_{0.95}$	4.30	3.18	2.78	2.57	2.46	2.37	2.31	2.26	2.15	2.09	1.96
$t_{0.99}$	9.93	5.84	4.60	4.03	3.71	3.50	3.36	3.25	2.98	2.86	2.58

（2）测量列的 B 类标准不确定度。

测量中凡是不符合统计规律的不确定度统称为 B 类不确定度，记为 u_j。在物理实验教学中，作为简化处理，一般只考虑由仪器误差及测试条件不符合要求而引起的附加误差。它一般包括两部分：仪器误差 $\Delta_{仪}$ 和估计 $\Delta_{估}$。则有

$$u_j = \sqrt{\Delta_{仪}^2 + \Delta_{估}^2} \tag{0.26}$$

若一个分量小于另一个分量的三分之一，则按上式，可以忽略较小的分量。

服从正态分布的"等价标准误差"$\sigma_{仪} = \Delta_{仪}/3$（$P = 0.683$），一次测量值的 B 类不确定度记为

$$u_j = \Delta_{\text{仪}} / 3 \quad (\ P = 0.683\ ) \tag{0.27}$$

服从均匀分布的，$\sigma_{\text{仪}} = \Delta_{\text{仪}} / \sqrt{3}$，且有 $P = 0.577$，要想得到 $P = 0.683$ 的置信概率，就乘上 $0.683 / 0.577$，即

$$u_j = \left(\frac{0.683}{0.577} \right) \Delta_{\text{仪}} \Big/ \sqrt{3} = 0.683 \Delta_{\text{仪}} \quad (\ P = 0.683\ ) \tag{0.28}$$

3. 合成标准不确定度

总不确定度是由不确定度的两类分量合成的，可表示为

$$U = \sqrt{s_i^2 + u_j^2} \tag{0.29}$$

$t_{0.683}$ 因子修正后有（ $P = 0.683$ ）

$$U_{0.683} = \sqrt{(t_P s_i)^2 + u_j^2} \tag{0.30}$$

将合成标准不确定度乘以一个与一定概率相联系的包含因子 K，得到增大置信概率的不确定度，叫作展伸不确定度。国家技术监督局 1994 年建议，对正态分布，通常取置信概率为 0.95 时 K 取 2，置信概率为 0.997 时 K 取 3。

4. 测量结果的表示

根据所用的置信概率，测量结果的最终表达式为

$$\begin{aligned} X &= \bar{x} \pm U_{0.683} & P &= 0.683 \\ X &= \bar{x} \pm U_{0.954} & P &= 0.954 \\ X &= \bar{x} \pm U_{0.997} & P &= 0.997 \end{aligned} \tag{0.31}$$

5. 标准不确定度的传递与合成

不少物理量，都是通过间接测量获得的，也就是将各直接测量获得之值，代入确定的公式计算而求出，一般代入的是各直接测量的平均值或最佳估计值。因此，直接测量是间接测量的基础，直接测量的误差（不确定度）必然传递给间接测量，使间接测量值也出现误差（不确定度），这就是误差（不确定度）传递。

若间接测定量 N 是直接测量量 $x, y, z, \cdots$ 的函数，即 $N = f(x, y, z, \cdots)$，当直接测量结果中有不确定度 $u_x, u_y, u_z, \cdots$ 时，间接测量结果的不确定度为

$$U(N) = \sqrt{\left(\frac{\partial f}{\partial x} u_x \right)^2 + \left(\frac{\partial f}{\partial y} u_y \right)^2 + \left(\frac{\partial f}{\partial z} u_z \right)^2 + \cdots} \tag{0.32}$$

第八节　实验数据的处理

对实验所得的数据进行整理分析，从中获得实验结果和寻找物理量变化规律或经验公式

的过程就是实验数据的处理，它是实验课的基础训练内容。

下面介绍常用实验数据处理方法。

一、列表法

列表法就是将一组实验数据和计算的中间数值依一定的形式顺序列成表格，是最简单和常用的方法。列表法的基本要求有：

（1）表格设计要利于记录、检查和运算。

（2）表中涉及的各物理量，其符号、单位均要表示清楚，如果各量单位都是一样，将其注明在表的上方。

（3）表中数据要正确反映测量结果的有效数字和误差。

（4）加上必要的说明。

二、作图法

1. 作图法的优点

作图法是在坐标纸上用曲线表示物理量之间的关系，这种方法的优点是：

（1）可以形象、直观地表示物理量之间的变化规律。

（2）具有延展性，通过图形的延展，可以推知未测点的情况或对测量范围外的变化趋势作推测。

（3）通过图形可以方便地看出有关量的变化情况，如最大值、最小值、极值和直线的斜率、截距等，还可看出误差情况。

（4）通过坐标变换可把某些的函数关系用直线表示。

2. 作图的基本规则

（1）根据函数关系选择适当的坐标纸（直角坐标纸、单对数坐标纸、双对数坐标纸、极坐标纸等）和比例，画出坐标轴，标明物理量符号、单位和刻度值，最好在图上明显部分写出测试条件。

（2）坐标原点不一定是变量的零点，可以根据测试范围加以选择，坐标分格最好使最低数位的一个单位可靠数与图形上最小分格相当，纵、横坐标的比例要适当，以使图线居中。

（3）标明数据点，为区别不同数据线，用"＋""×""·""△""○"等不同符号。

（4）连接曲线时，要使数据点均匀分布在曲线两侧，且尽量贴近曲线，个别偏离过大的点要重新审核，属过失误差的应剔去。

（5）由直线求斜率时，点 (x_1, y_1)、(x_2, y_2) 不应取得太近，也不宜取直接测量数据点，以减小误差。

3. 曲线的线性变换

实际工作中，有些函数的曲线可以经过适当变换成为直线，这可简化作图过程，其方法可先把曲线作在直角坐标系中，视曲线进行适当的坐标变换，常用的变换关系见表0.7。

表0.7 常用线性变换方法

曲线函数	坐标关系	变换后选用坐标系	变换后直线	
			斜率	截距
$y = \dfrac{a}{x}$	$y \sim \dfrac{1}{x}$	直角	a	0
$y = ax^2 + b$	$y \sim x^2$	直角	a	b
$y = a\sqrt{x} + b$	$y \sim \sqrt{x}$	直角	a	b
$y = a^x b$	$\ln y \sim x$	单对数	$\ln a$	$\ln b$
$y = ax^b$	$\ln y \sim \ln x$	双对数	b	$\ln a$

三、曲线拟合

作图法虽可直观地表示物理规律，但它不如函数关系简明，不利于数学分析计算，所以我们希望从实验数据求经验方程或确定函数关系，用以描述物理量变化关系，这种过程叫作曲线拟合，也称回归分析。

曲线拟合首先根据理论和实验数据变化的趋势推测函数形式，若推测物理量 y 和 x 之间的关系是线性的，则函数形式用 $y = b0 + b1x$。

若推测是指数关系函数式用 $y = c_1 e^{c_2 x} + c_3$。

函数关系不明显时，常用多项式 $y = b_0 + b_1 x + b_2 x + \cdots + b_m x$ 表示，以上各式中 c_1、c_2、c_3 和 b_0、b_1、b_2、$\cdots$、b_m 均为待定常数，确定它们是曲线拟合的主要任务。曲线拟合中最简单的是依据最小二乘原理拟合直线。

1. 线性回归——最小二乘法

设 x 和 y 具有线性关系，若实验中测得 n 组 $(x_i, y_i)(i = 1, 2, 3, \cdots, n)$ 数据，设最佳拟合直线方程为 $Y = a + bx$，则所测各个 y_i 值与该直线之间的距离的平方和比其他任何直线都小。即

$$Q = \sum_{i=1}^{n}(y_i - Y)^2 = \sum_{i=1}^{n}(y_i - a - bx_i)^2 \qquad (0.33)$$

式中：Q 表示所有 y_i 与 Y 的距离的平方和，并假设所有 x_i 是准确的，误差都体现在 y_i 上，而所求之回归直线就是使 Q 为最小的直线。亦即求使 Q 为最小的 a 和 b 之值。运用微积分中求极值的方法，即可得 a 和 b，其结果为

$$a = \overline{y} - b\overline{x} \qquad (0.34)$$

$$b = \frac{L_{xy}}{L_{xx}} \qquad (0.35)$$

其中

$$\overline{x} = \frac{1}{n}\sum_{i=1}^{n}x_i, \quad \overline{y} = \frac{1}{n}\sum_{i=1}^{n}y_i, \quad L_{xy} = \sum_{i=1}^{n}(x_i - \overline{x})(y_i - \overline{y}) = \sum_{i=1}^{n}x_i y_i - \frac{\sum_{i=1}^{n}x_i \sum_{i=1}^{n}y_i}{n}$$

$$L_{xx} \equiv \sum_{i=1}^{n}(x_i - \overline{x})^2 = \sum_{i=1}^{n}x_i^2 - \frac{\left(\sum_{i=1}^{n}x_i\right)^2}{n}, L_{yy} = \sum_{i=1}^{n}(y_i - \overline{y})^2 = \sum_{i=1}^{n}x_i^2 - \frac{\left(\sum_{i=1}^{n}y_i\right)^2}{n}$$

下面对（0.35）式给予证明。

$Q = \sum_{i=1}^{n}(y_i - a - bx_i)^2$ 是 a、b 的二元函数，按二元函数求极值的方法有

$$\frac{\partial Q}{\partial b} = -2\sum_{i=1}^{n}(y_i - a - bx_i)x_i = 0$$

即

$$\sum_{i=1}^{n}x_iy_i - a\sum_{i=1}^{n}x_i - b\sum_{i=1}^{n}x_i^2 = 0$$

将（0.34）式代入得

$$\sum_{i=1}^{n}x_iy_i - (\overline{y} - b\overline{x})\sum_{i=1}^{n}x_i - b\sum_{i=1}^{n}x_i^2 = 0$$

$$\sum_{i=1}^{n}x_iy_i - \overline{y}\sum_{i=1}^{n}x_i = b\left(\sum_{i=1}^{n}x_i^2 - \overline{x}\sum_{i=1}^{n}x_i\right)$$

由此有

$$b = \frac{\sum_{i=1}^{n}x_iy_i - \overline{y}\sum_{i=1}^{n}x_i}{\sum_{i=1}^{n}x_i^2 - \overline{x}\sum_{i=1}^{n}x_i} = \frac{\sum_{i=1}^{n}x_iy_i - n\overline{x}\overline{y}}{\sum_{i=1}^{n}x_i^2 - n\overline{x}_i^2} = \frac{\sum_{i=1}^{n}(x_i - \overline{x})(y_i - \overline{y})}{\sum_{i=1}^{n}(x_i - \overline{x})^2} = \frac{L_{xy}}{L_{xx}}$$

此即（0.35）式。

由于平方运算通常也称为二乘运算，所以上述求回归方程的方法也称为"最小二乘法"。

为了检验变量 x、y 间线性关系的显著性，引入相关系数 r，从 r 值的大小来判断变量 x 与 y 的线性。

$$r = \frac{\sum_{i=1}^{n}(x_i - \overline{x})(y_i - \overline{y})}{\left[\sum_{i=1}^{n}(x_i - \overline{x})^2 \sum_{i=1}^{n}(y_i - \overline{y})^2\right]^{\frac{1}{2}}} \tag{0.36}$$

可以证明：当 r 的绝对值越接近 1 时，Q 就越趋近于 0，x 与 y 的线性关系越好；如 r 的绝对值接近于 0，则 Q 值越大，x 与 y 之间就没线性关系，或 x 与 y 为非线性关系，因此 $|Q|$ 的大小反映了 x 与 y 之间线性关系密切程度。

已如前述，很多函数曲线经过适当变换可成为直线，从而大大拓宽了最小二乘法的应用范围。

例：根据测量结果，推测两个物理 y 与 x 成正比，即 $y = b0 + b1x$，试用最小二乘原理作直线拟合，求 $b0$、$b1$，并判断其相关性，测量数据见表 0.8。

表 0.8　测量数据

x_i	y_i	$x_i y_i$	x_i^2	y_i^2
0	0	0	0	0
1	0.780	0.780	1	0.608
2	1.576	3.152	4	2.484
3	2.332	6.996	9	5.438
4	3.082	12.328	16	9.499
5	3.898	19.490	25	15.194
$\sum x_i = 15$	$\sum y_i = 11.668$	$\sum x_i y_i = 42.746$	$\sum x_i^2 = 55$	$\sum y_i^2 = 33.223$

解：显然，$n = 6, \overline{x} = 2.5, \overline{y} = 1.9447$

于是

$$L_{xx} = \sum_{i=1}^{n} x_i^2 - \frac{\left(\sum_{i=1}^{n} x_i\right)^2}{n} = 17.5$$

$$L_{yy} = \sum_{i=1}^{n} x_i^2 - \frac{\left(\sum_{i=1}^{n} y_i\right)^2}{n} = 10.533$$

$$L_{xy} = \sum_{i=1}^{n} x_i y_i - \frac{\sum_{i=1}^{n} x_i \sum_{i=1}^{n} y_i}{n} = 13.576$$

所以　　　$b_1 = \dfrac{L_{xy}}{L_{xx}} = 0.7758$，$b_0 = \overline{y} - b_1 \overline{x} = 0.005\,2$，$r = \dfrac{L_{xy}}{\sqrt{L_{xx} L_{yy}}} = 0.999\,4$

结果表明：y 确实与 x 呈线性关系，直线方程为

$$y = 0.775\,8x + 0.005\,2$$

2. 曲线拟合

物理实验中，两物理量 x 和 y 常满足曲线方程，拟合其系数要用曲线拟合方法，一般比直线拟合复杂，但有些曲线拟合作变量替换后可使其转化为直线拟合。

例如，函数形式为 $y = c_1 e^{c_2 x}$ 的曲线拟合，两边取对数得

$$\ln y = \ln c_1 + c_2 x \tag{0.37}$$

令 $\ln y = y', \ln c_1 = b_0, c_2 = b_1$ 作变量替换，得

$$y' = b_0 + b_1 x \tag{0.38}$$

曲线拟合已化为直线拟合，求出 b_0、b_1 后，由变量替换可求出 c_1、c_2。即完成了该曲线拟合。

进行曲线拟合，原则上按如下步骤进行：

（1）根据实验数据作出曲线，推测函数形式。

（2）对线性关系式，运用直线拟合。若为非线性关系，如能线性化，则先作变量替换，再进行直线拟合，利用变换关系确定系数。

（3）求出相关系数，检验方程与实际情况的符合程度。当线性不相关时，作相应处理。

四、逐差法

逐差法是物理实验中常用的数据处理方法之一。对随等间距变化的物理量 x 进行测量的函数可以写成 x 的多项式时，可用逐差法进行数据处理。

例如，一长为 x_0 的弹簧，逐次在其下端加挂质量为 m 的砝码，测出对应的长度 x_1、x_2、x_3、x_4、x_5，为从数据中求出每加一单位质量的砝码的伸长量，可将数据按顺序对半分为两组 x_0 x_1、x_2；x_3、x_4、x_5。

使两对应项相减有

$$\frac{1}{3}\left[\frac{x_3-x_0}{3m}+\frac{x_4-x_1}{3m}+\frac{x_5-x_2}{3m}\right]=\frac{1}{9m}\left[(x_3+x_4+x_5)-(x_0+x_1+x_2)\right]$$

这种对应项相减，即逐项求差法简称逐差法。它的优点是，尽量利用了各测量值，而又不减少结果的有效数位数。

注意，按理可采取相邻两项相减的方法（逐项逐差）求伸长量，如

$$\frac{1}{5}\left[\frac{x_1-x_0}{m}+\frac{x_2-x_1}{m}+\cdots+\frac{x_5-x_4}{m}\right]=\frac{1}{5m}(x_5-x_0)$$

但这样只有 x_0、x_5 两个数据起作用，没有充分利用整个数据组，失去了大量数据中求平均以减小误差的作用，是不合理的。需要说明，逐差法也可以进行曲线拟合，但只限于等间距变化的多项式函数形式的拟合，囿于本教材内容的局限，就不深入介绍了。

五、用数据处理软件进行实验数据处理

常用的数据处理软件有 Excel 和 Origin 等，可以帮助我们进行处理数据、分析数据、绘制图表等工作。其中 Excel 软件操作便捷，掌握容易，用于实验数据的处理非常方便。下面简单介绍其在实验数据处理中的一些基本方法。

1. 进入 Excel 界面

打开计算机后，从开始的程序菜单中选择 "Microsoft Excel"，单击它，即可进入该软件的工作界面。启动 Excel 后，系统将打开一个新的工作簿，最初有三个工作表，当前显示的为名为 "Sheet1" 的空白工作表。一个工作表有 256 列、用字母 A，B，C，…命名；有 65 536 行，用数字 1，2，3，…命名。以所在行和列命名的单元格是输入以及编辑数据和公式的地方。

2. 记录实验数据

进入 Excel 界面后，用鼠标选定某单元格为当前活动单元格，即可从键盘输入实验数据，输入后，按←、→、↑、↓或回车键来结束。

在 Excel 中数字只可以为以下字符：0，1，2，3，4，5，6，7，9，＋，－，(,)，/，%，E，若需输入负数，要在数字前冠以 0，如键入 01/2。数字长度超出单元格宽度时，以科学记数（7.89E＋08）的形式表示。

3. 公式及函数运算

Excel 包含许多预定义的或称为内置的公式，它们称为函数。在常用工具栏中点击 fx，打开对话框选择函数进行简单的计算，或将函数组合后进行复杂的运算；还可以在单元格里直接输入函数进行计算。

例如：单击活动的单元格，先输入等号 "="，表示此时对单元格的输入内容是一个公式，然后在等号后面输入具体的公式内容即可：输入 "=55＋B5"，表示 55 和单元格 B5 的数值的和；输入 "=SUM（A1:A6）" 表示区域 A1 到 A6 的所有数值的求和等。

或者单击将要在其中输入公式的单元格，单击工具栏中 fx；或由菜单栏"插入"中的" fx 函数（F）…"进入，在弹出的"粘贴函数"对话框中选择需要的函数，单击"确定"在弹出的函数对话框中按要求输入内容，单击"确定"得到运算结果。

计算出一组数据后，不需重复以上工作进行计算，Excel 提供了复制公式的方法：在计算过的单元格右下角有一黑色的小方块，称为"填充柄"，将空心十字形光标移动到填充柄上，它就会变成实心的十字形，按住鼠标左键不放向下拖到需要求出的最后一个单元格，则这其中所有单元格中就出现了相应的计算结果。

4. 图表的制作

Excel 的图表功能为实验数据的作图、拟合直线、拟合曲线、拟合方程以及求相关系数等带来了极大的方便。其操作步骤为：

（1）选定数据表中包含所需数据的所有单元格。

（2）单击工具栏中的"图表向导"按钮，或单击菜单栏中的"插入（图表）"，根据需要选定类型如"XY 散点图"，按要求一步一步完成操作，即可得到相应的数据图，也可以对其进行修饰及其他操作，这里就不再一一叙述，具体操作可参考其他有关文章。

5. 线性回归分析

线性回归法处理实验数据是实验数据处理中的重要方法之一，但其计算工作量较大。而在 Excel 中很容易实现线性回归分析。由 Excel 的窗口界面菜单中的"工具"栏进入"数据分析（D）…"[如果没有"数据分析（D）…"，则在"工具"栏菜单中，单击"加载宏"命令，选中"分析工具库"复选框]；在弹出的对话框中选中"回归"，即进入"回归"的对话框。在"回归"的对话框中输入 X、Y 数据所在的单元格区域，以及输出区域的位置和其他的一些选项后单击"确定"就可完成线性回归分析的计算工作。

Excel 的数据处理功能非常强大，以上只介绍了其中很少一部分功能，以便在实验数据处理中提供方便。

六、数据处理程序

1. 直接测量及数据处理程序（图 0.4）

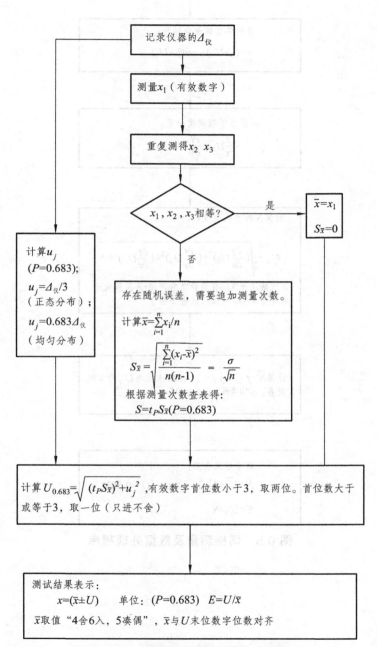

图 0.4　直接测量及数据处理程序

2. 间接测量及数据处理程序（图 0.5）

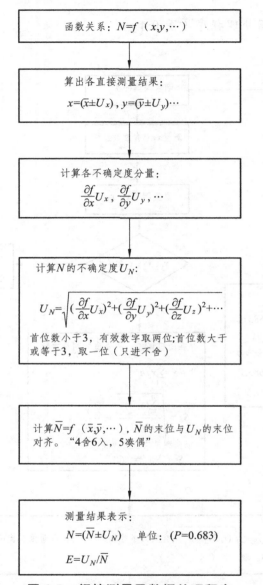

函数关系：$N=f(x,y,\cdots)$

算出各直接测量结果：

$x=(\bar{x}\pm U_x)$，$y=(\bar{y}\pm U_y)\cdots$

计算各不确定度分量：

$\dfrac{\partial f}{\partial x}U_x$，$\dfrac{\partial f}{\partial y}U_y$，$\cdots$

计算 N 的不确定度 U_N：

$$U_N=\sqrt{(\dfrac{\partial f}{\partial x}U_x)^2+(\dfrac{\partial f}{\partial y}U_y)^2+(\dfrac{\partial f}{\partial z}U_z)^2+\cdots}$$

首位数小于3，有效数字取两位;首位数大于或等于3，取一位（只进不舍）

计算 $\bar{N}=f(\bar{x},\bar{y},\cdots)$，$\bar{N}$ 的末位与 U_N 的末位对齐。"4舍6入，5凑偶"

测量结果表示：

$N=(\bar{N}\pm U_N)$　单位：$(P=0.683)$

$E=U_N/\bar{N}$

图 0.5　间接测量及数据处理程序

实验一　普朗克常数测定实验

当光照射在物体上时，光的一部分能量以热的形式被物体吸收，而另一部分则转化为物体中某些电子的能量，使电子逸出物体表面，这种现象称为光电效应。普朗克常数是在辐射定律研究过程中，由普朗克于 1900 年引入的与黑体的发射和吸收相关的普适常数。普朗克公式与实验符合得很好。发表后不久，普朗克在解释中提出了与经典理论相悖的假设，认为能量不能连续变化，只能取一些分立值，这些值是最小能量的整数倍。1905 年，爱因斯坦把这一观点推广到光辐射，提出光量子概念，用爱因斯坦光电效应方程成功地解释了光电效应。普朗克的公式推导和理论解释是量子论诞生的标志。

一、实验目的

（1）通过实验加深对光的量子性的理解。
（2）学习用光电效应测定普朗克常数的方法。

二、实验仪器

GSZF-5 型普朗克常数测定仪。

三、实验原理

光电效应实验原理如图 1.1 所示，S 为真空光电管，K 为阴极，A 为阳极，当无光照射阴极 K 时，由于阳极与阴极是断路的，检流计 G 中无电流流过，当一波长比较短的单色光照射到阴极 K 上时，便形成光电流，光电流随加速电位差 U_{AK} 变化的伏安曲线如图 1.2 所示。

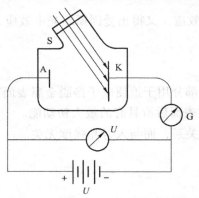

图 1.1　光电效应实验原理图

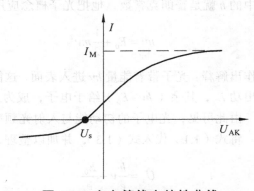

图 1.2　光电管伏安特性曲线

光电流随加速电位差 U_{AK} 的增加而增加，当加速电位差增加到一定值后，光电流达到饱和 I_M，饱和电流与光强成正比，而与入射光的频率无关。当电位差变成负值时，光电流迅速减小。当达到某一值，即遏止电位 U_s 时，光电流降为零。

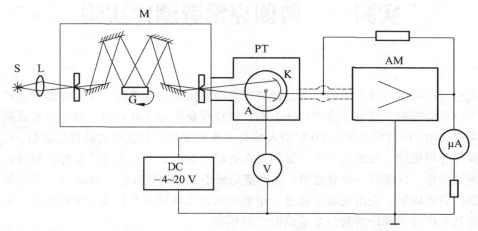

S—卤钨灯；L—透镜；M—单色仪；G—光栅；PT—光电管；AM—放大器。

图 1.3　普朗克常数实验装置光电原理图

如图 1.3 所示，普朗克常数测定实验装置原理图，卤钨灯 S 发出的光束经透镜 L 会聚到单色仪 M 的入射狭缝上，从单色仪出射狭缝发出的单色光投射到光电管 PT 的阴极金属板 K 上，释放光电子（发生光电效应），A 是集电极（阳极）。由光电子形成的光电流经放大器 AM 放大后可以被微安表测量。如果在 AK 之间施加反向电压（集电极为负电位），光电子就会受到电场的阻挡作用，当反向电压足够大时，达到 U_s，光电流降到零，U_s 就称作遏止电位。U_s 与电子电荷的乘积表示发射的最快的电子的动能，即

$$\frac{1}{2}mv^2 = eU_s \tag{1.1}$$

按爱因斯坦的解释，频率为 ν 的光束中的能量是一份一份地传递的，每个光子的能量

$$E = h\nu \tag{1.2}$$

其中的 h 就是普朗克常数，他把光子概念应用于光电效应，又得出爱因斯坦光电效应方程

$$h\nu = E_0 + \frac{1}{2}mv^2 \tag{1.3}$$

并作出解释：光子带着能量 $h\nu$ 进入表面，这能量的一部分用于迫使电子挣脱金属表面束缚的逸出功 E_0，其余（$h\nu - E_0$）给予电子，成为逸出金属表面后所具有的最大初动能。

由此可见，光电子的初动能与入射光频率呈线性关系，而与入射光强度无关。

将式（1.1）代入式（1.3），并加以整理，即有

$$U_s = \frac{h}{e}\nu - \frac{E_0}{e} \tag{1.4}$$

这表明 U_s 与 ν 之间存在线性关系，实验曲线的斜率应当是 $\dfrac{h}{e}$，其中 $\dfrac{E_0}{e}$ 是常数。

因此，用光电效应方法测普朗克常数的关键在于获得单色光，只要用几种频率的单色光分别照射光电阴极，作出几条相应的伏安特性曲线，然后据以确定各频率的截止电位，再作 $U_s\text{-}\nu$ 关系曲线，用其斜率乘以电子基本电荷 e，即可求得普朗克常数 h。

应当指出，本实验获得的光电流曲线，并非单纯的阴极光电流曲线，其中不可避免地会受到暗电流和阳极发射的光电子等非理想因素的影响。图 1.4 表示，实测曲线光电流为零处（A 点）阴极光电流并未被遏止，此处电位也就不是遏止电位，当加大负压，伏安特性曲线接近饱和区段的 B 点时，阴极光电流才为零，该点对应的电位正是外加遏止电位。实验的关键是准确地找出各选定频率入射光的遏止电位。伏安特性曲线在反向电流进入饱和段时有着明显的拐点，其拐点的电位差即为遏止电位差。

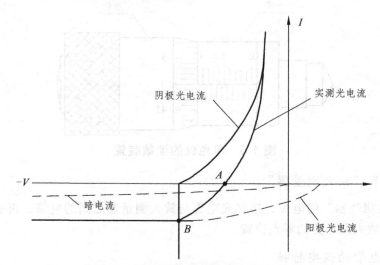

图 1.4　光电管的实测伏安特性曲线

四、实验内容及步骤

1. 接通电源

接通卤钨灯电源，使光束会聚到单色仪的入射狭缝上（缝宽可取较窄一档：0.15 mm）。

2. 单色仪的调节

（1）单色仪的参数。

波长范围　　　　　200 ~ 800 nm

狭缝　　　　　　　固定宽度二挡 0.15 mm，0.3 mm

波长精度　　　　　± 1 nm

波长重复性　　　　± 0.5 nm

（2）参阅图 1.3 和小型光栅单色仪俯视图，首先将透镜移出光路，使卤钨灯发出的光直接照射在单色仪的入缝上，并使光源的光斑与入射狭缝对称。然后将透镜放入光路中，前后移动透镜架，使光源发出的光成像在入射狭缝处，若不在狭缝处，只能调透镜架，别再调光源和单色仪。

（3）以上对系统的同轴等高基本调好后，仍需对单色仪的光信号输出进行细调，此时可用一张白纸放在单色仪的出射狭缝处，将波长读数轮的读数调到零，然后一边微微的在零线附近旋转，一边观察白纸屏有无白光输出。若有白光输出可以微动鼓轮和适当的调节透镜架，将输出的零级谱线调到最好。然后将光电接收器靶面置于光路中。

（4）单色仪输出的波长示值是利用螺旋测微器读取的。如图 1.5 所示，读数装置的小管上有一条横线，横线上下刻度的间隔对应着 50 nm 的波长。鼓轮左端的圆锥台周围均匀地划分成 50 个小格，每小格对应 1 nm。当鼓轮的边缘与小管上的"0"刻线重合时，单色仪输出的是零级光谱。而当鼓轮边缘与小管上的"5"刻线重合时，波长示值为 500 nm。

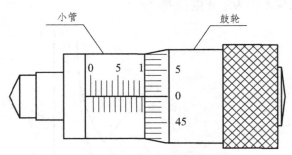

图 1.5　单色仪的读数装置

3．安装调节"放大测量器"

切断"放大测量器"的电源，接好光电管与放大测量器之间的电缆，再通电预热 20 ~ 30 min。调节该放大测量器的零点位置。

4．测量光电管的伏安特性

（1）取下暗盒盖，让光电管对准单色仪出射狭缝（缝宽仍取较窄一档），按上述螺旋测微器与波长示值的对应规律，在可见光范围内选择一种波长输出，根据微安表指示，找到峰值，并设置适当的倍率按键。

（2）调节"放大测量器"的"旋钮 1"可以改变外加直流电压。从 −1 V 起，缓慢调高外加直流电压，先注意观察一遍电流变化情况，记住使电流开始明显升高的电压值。

（3）针对各阶段电流变化情况，分别以不同的间隔施加遏止电压，读取对应的电流值。在上一步观察到的电流起升点附近，要增加监测密度，以较小的间隔采集数据（电流转正后，可适当加大测试间隔，电流可测到 90×10^{-9} A 为止）。

（4）陆续选择适当间隔的不同波长光进行同样测量，列表记录数据。

5．数据处理

（1）应用作图软件分别作出被测光电管在不同波长（频率）光照射下的伏安特性曲线，并从这些曲线找到和标出 I_{AK} 的遏止电位，填入表 1.1。（提示：作光电管伏安特性曲线时，若用到红光波段，随着频率的降低，遏止电位倾向于从曲线的"拐点"逐渐向上偏移）

表 1.1 数据处理表

波长 λ/nm					
频率 $\nu/(\times 10^{14}\,\text{Hz})$					
遏止电位 U_s/V					

（2）根据表 1.1 的数据作 U_s-ν 关系图，如得一直线，即说明光电效应的实验结果与爱因斯坦光电方程是相符合的。用该直线的斜率

$$\frac{\Delta U_s}{\Delta \nu} = \frac{h}{e}$$

乘以电子电荷 e（$1.602 \times 10^{-19}\,\text{C}$），求得普朗克常数。

（3）把求出的普朗克常数与公认值作比较，求出实验误差。

五、注意事项

（1）光电管应保持清洁，避免用手触摸，而且应放在遮光罩内，不用时避免光照。

（2）暂时不做实验时，把卤钨灯出光口遮盖住，滤光片旋转到堵口处，并将实验进行复位，这样有利于延长光电管的使用寿命。由于卤钨灯预热需要较长时间，所以如果要进行连续实验时，可以不关掉。

（3）滤光片要保持清洁，禁止用手接触光学表面。

（4）光电管不使用时，要断掉施加在光电管阳极与阴极间的电压，保护光电管，防止意外的光线照射。

六、思考题

（1）爱因斯坦光电效应方程的内容是什么？它的物理意义是什么？光电效应法测普朗克常数理论依据何在？

（2）影响实验精确度的主要因素是什么？在实际中采取了哪些措施？

（3）反向电流的来源是什么？暗电流的来源是什么？

实验二　弗兰克-赫兹实验

　　1911 年，卢瑟福根据 α 粒子散射实验，提出了原子核模型。1913 年，丹麦物理学家玻尔（Bohr）将普朗克假说运用到原子有核模型，建立了原子定态能级和能级跃迁概念。但是，任何重要的物理规律都必须得到实验的验证。随后，在 1914 年，德国物理学家弗兰克（Franck）和他的助手赫兹（Hertz）在研究气体放电现象中低能电子与原子间相互作用时，在充汞的放电管中，发现透过汞蒸气的电子数量随电子的能量显现有规律性的变化，能量间隔为 4.9 eV。由此，他们提出原子中存在临界电势-原子能级的概念。弗兰克-赫兹实验直接证实了原子能级的存在，并由此计算得到 $h = 6.59 \times 10^{-34}$ J·s，这与普朗克 1901 年发表的常量 $h = 6.55 \times 10^{-34}$ J·s 符合得很好，从而为玻尔原子理论提供了有力的证据。1925 年，他们两个人由于在这方面的卓越贡献，共同获得诺贝尔物理学奖。

一、实验目的

　　（1）了解弗兰克-赫兹实验的设计思想及原理方法。
　　（2）掌握电子与原子碰撞及能量交换的物理过程。
　　（3）通过测定氩原子等元素的第一激发电位（即中肯电位），证明原子能级的存在。

二、实验仪器

　　ZKY-FH-2 型智能弗兰克-赫兹实验仪、TBS 1102B-EDU 型数字示波器。

三、实验原理

1. 玻尔提出的原子理论

　　（1）原子只能较长地停留在一些稳定状态（简称为稳态）。原子在这些状态时，不发射或吸收能量，各定态有一定的能量，其数值是彼此分隔的。原子的能量不论通过什么方式发生改变，它只能从一个定态跃迁到另一个定态。

　　（2）原子从一个定态跃迁到另一个定态而发射或吸收辐射时，对应的频率是一定的。如果用 E_m 和 E_n 分别代表有关两定态的能量的话，频率 ν 决定于如下关系：

$$h\nu = E_m - E_n \tag{2.1}$$

式中，普朗克常量 $h = 6.63 \times 10^{-34}$ J·s。

为了使原子从低能级向高能级跃迁，可以通过将具有一定能量的电子与原子相碰撞进行能量交换的办法来实现。设初速度为零的电子在电位差为 U_0 的加速电场作用下，获得能量 eU_0。当具有这种能量的电子与稀薄气体的原子发生碰撞时，就会发生能量交换。如果以 E_1 代表氩原子的基态能量、E_2 代表氩原子的第一激发态能量，那么当氩原子吸收从电子传递来的能量恰好满足如下（2.2）式时，

$$eU_0 = E_2 - E_1 \tag{2.2}$$

氩原子就会从基态跃迁到第一激发态。而且相应的电位差称为氩原子的第一激发电位（或称为氩原子的中肯电位）。测定出这个电位差 U_0，就可以根据式（2.2）求出氩原子的基态和第一激发态之间的能量差（其他元素气体原子的第一激发电位亦可依此法求得）。

2. 弗兰克-赫兹实验的原理图

如图 2.1 所示。在充氩原子的弗兰克-赫兹管中，电子由热阴极 K 发出，阴极 K 和第二栅极 G_2 之间的加速电压 U_{G2K} 使电子加速。在板极 A 和第二栅极 G_2 之间加有反向拒斥电压 U_{G2A}。管内空间电位分布如图 2.2 所示。

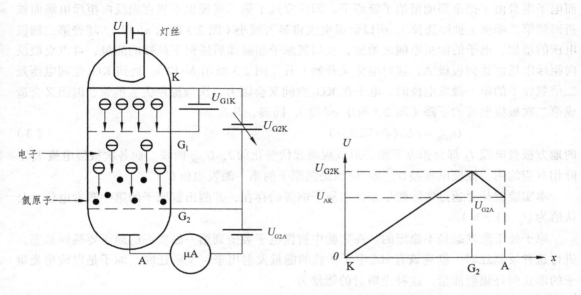

图 2.1　弗兰克-赫兹实验的原理图

图 2.2　弗兰克-赫兹管内空间电位分布原理图

当电子通过 KG_2 空间进入 G_2A 空间时，如果有较大的能量（$\geqslant eU_{G2A}$），就能冲过反向拒斥电场而到达板极形成板流，为微电流计μA 表检出。如果电子在 KG_2 空间与氩原子碰撞，把自己的一部分能量传给氩原子而使后者激发的话，电子本身所剩余的能量就很少，以致通过第二栅极后已不足以克服拒斥电场而被折回到第二栅极，这时，通过微电流计μA 表的电流将显著减少。实验时，使 U_{G2K} 电压逐渐增加并仔细观察电流计的电流指示，如果原子能级确实存在，而且基态和第一激发态之间有确定的能量差的话，就能观察到如图 2.3 所示的 $I_A - U_{G2K}$ 曲线。

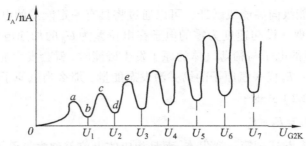

图 2.3　弗兰克–赫兹管的 I_A–U_{G2K} 曲线

图 2.3 所示的曲线反映了氩原子在 KG_2 空间与电子进行能量交换的情况。当 KG_2 空间电压逐渐增大时，电子在 KG_2 空间被加速而取得越来越大的能量。但起始阶段，由于电压较低，电子的能量较少，即使在运动过程中它与原子相碰撞也只有微小的能量交换（为弹性碰撞）。穿过第二栅极的电子所形成的板流 I_A 将随第二栅极电压 U_{G2K} 的增大而增大（图 2.3 所示 Oa 段）。当 KG_2 空间的电压达到氩原子的第一激发电位 U_0 时，电子在第二栅极附近与氩原子相碰撞，将自己从加速电场中获得的全部能量交给后者，并且使后者从基态激发到第一激发态。而电子本身由于把全部能量给了氩原子，即使穿过了第二栅极也不能克服反向拒斥电场而被折回到第二栅极（被筛选掉）。所以板极电流将显著减小（图 2.3 所示 ab 段）。随着第二栅极电压的增加，电子的能量也随之增加，在与氩原子相碰撞后还留下了足够的能量，可以克服反向拒斥电场而达到板极 A，这时电流又开始上升（图 2.3 所示 bc 段）。直到 KG_2 空间电压是二倍氩原子的第一激发电位时，电子在 KG_2 空间又会因为二次碰撞而失去能量，因而又会造成第二次板极电流的下降（图 2.3 所示 cd 段），同理，凡在

$$U_{G2K} = nU_0(n = 1,2,3,\cdots)\tag{2.3}$$

的地方板极电流 I_A 都会相应下跌，形成规则起伏变化的 I_A–U_{G2K} 曲线。而各次板极电流 I_A 下降相对应的阴、栅极电压差 $U_{n+1}-U_n$ 应该是氩原子的第一激发电位 U_0。

本实验就是要通过实际测量来证实原子能级的存在，并测出氩原子的第一激发电位（公认值为 $U_0=11.5$ V）。

原子处于激发态是不稳定的。在实验中被慢电子轰击到第一激发态的原子要跳回基态，进行这种反跃迁时，就应该有 eU_0 电子伏特的能量发射出来。反跃迁时，原子是以放出光量子的形式向外辐射能量。这种光辐射的能量为

$$eU_0 = h\nu = h\frac{c}{\lambda}\tag{2.4}$$

对于氩原子而言，$\lambda = \dfrac{hc}{eU_0} = \dfrac{6.63\times10^{-34}\times3.0\times10^8}{1.6\times10^{-19}\times11.5}\text{m} = 1081\text{Å}$

如果弗兰克-赫兹管中充以其他元素，则可以得到它们各自的第一激发电位（表 2.1）。

表 2.1　几种元素的第一激发电位

元素	钠（Na）	钾（K）	锂（Li）	镁（Mg）	汞（Hg）	氦（He）	氖（Ne）
U_0/V	2.12	1.63	1.84	3.2	4.9	21.2	18.6
λ/Å	5 898	7 664	6 707.8	4 571	2 500	584.3	640.2

四、实验内容及步骤

1. 仪器调试与观察 I_A-U_{G2K} 曲线

（1）熟悉实验装置结构和使用方法，按照实验要求连接实验电路，检查无误后开机，并且预热 30 min。

（2）下面用自动的方法测量氩元素的第一激发电位。

① 设置仪器为"自动"工作状态，按"手动/自动"键，"自动"指示灯亮。

② 设定电流量程，根据实验仪器机箱上的指示，按下相应的电流量程键，对应的量程指示灯亮。

③ 设定电源的电压值，用 ↓/↑，←/→键完成，需设定的电压有：灯丝电压、第一加速电压 U_{G1K}、拒斥电压 U_{G2A}、U_{G2K}。设定状态参见随机提供的工作条件（见机箱）。

④ 按下"启动"键，实验开始。用 ↓/↑，←/→键来查看 U_{G2K} 和 I_A，从 0.0 V 起，按步长 1 V（或 0.5 V）的电压值调节电压源 U_{G2K}，仔细观察夫兰克-赫兹管的板极电流值 I_A 的变化，读出 I_A 的峰、谷值和对应的 U_{G2K} 值（一般取 I_A 的谷在 4～5 个为佳）。

2. 绘制 I_A-U_{G2K} 曲线

（1）自拟表格，详细记录实验条件和对应的 I_A-U_{G2K} 的值。

（2）作出 I_A-U_{G2K} 曲线。用逐差法处理数据，求得氩原子的第一激发电位 U_0 值。

五、注意事项

（1）使用前应根据实验原理图正确连接仪器面板至测试架的连线。

（2）灯丝电压只能在实验室提供的数据之间选用，若电压过高，阴极发射能力过强，管易老化；若电压过低，会使阴极中毒，管损坏。

（3）实验过程中若产生电离击穿（即电流表严重过载现象）时，要立即将加速电压减少到零，以免损坏管子。

（4）实验完毕，将所有的电压输出归零，切断电源，整理连接线。

六、思考题

（1）什么是原子的第一激发电势？它与临界能量有什么关系？

（2）灯丝电压的改变对弗兰克-赫兹实验有何影响？对第一激发电势有何影响？

（3）由于有接触电势差存在，因此第一个峰值不在 11.55 V，那么它会影响第一激发电势的值吗？

（4）如何测定较高能级的激发电势或电离电势？

（5）如何计算本实验中氩原子所辐射的波长？

实验三　黑体辐射实验

任何物体，只要其温度在绝对零度以上，就向周围发射辐射，这称为热辐射。黑体是一种完全的热辐射体，任何非黑体所发射的辐射通量都小于同温度下的黑体发射的辐射通量。并且，非黑体的辐射能力不仅与温度有关，而且与表面的材料的性质有关，而黑体的辐射能力则仅与温度有关。黑体的辐射亮度在各个方向都相同，即黑体是一个完全的余弦辐射体。

一、实验目的

（1）掌握测量一般发光光源辐射能量曲线的方法，加深对黑体辐射问题的理解。
（2）验证黑体辐射定律（普朗克辐射定律、斯忒藩-玻尔兹曼定律、维恩位移定律）。

二、实验仪器

WGH—10 型黑体辐射实验装置，电流可调节溴钨灯，计算机。

三、实验原理

1. 黑体辐射的光谱分布——普朗克辐射定律

此定律用光谱辐射度表示，其形式为

$$M(T,\lambda) = \frac{C_1}{\lambda^5 (e^{\frac{C_2}{\lambda T}} - 1)} \quad (\text{W/m}^3) \tag{3.1}$$

式中，第一辐射常数 $C_1 = 3.74 \times 10^{-16}$（W·m²）；第二辐射常数 $C_2 = 1.4398 \times 10^{-2}$（m·K）。

黑体光谱辐射亮度由下式给出：

$$L(T,\lambda) = \frac{M(T,\lambda)}{\pi} [\text{W/(m}^3 \cdot \text{sr)}] \tag{3.2}$$

图 3.1 给出了 $M(T,\lambda)$ 随波长变化曲线。每一条曲线上都标出黑体的绝对温度。与诸曲线的最大值相交的对角直线表示维恩位移定律。

2. 黑体的积分辐射——斯忒藩-玻尔兹曼定律

此定律用辐射度表示为：

$$M_T = \int_0^\infty M(T,\lambda)\mathrm{d}\lambda = \sigma T^4 \quad (\text{W/m}^2) \tag{3.3}$$

式中，T 为黑体的绝对温度，σ 为斯忒藩-玻尔兹曼常数。

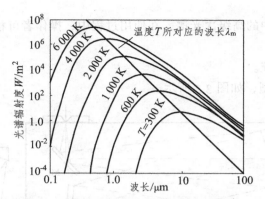

图 3.1　黑体的光谱辐射度随波长的变化

$$\sigma = \frac{2\pi^5 k^4}{15h^3 c^2} = 5.670 \times 10^{-8} \, [\text{W}/(\text{m}^2 \cdot \text{K}^4)] \tag{3.4}$$

其中，k 为玻尔兹曼常数，h 为普朗克常数，c 为光速。

由于黑体辐射是各向同性的，所以其辐射亮度与辐射度有关系

$$L = \frac{M_T}{\pi} \tag{3.5}$$

于是，斯忒藩-波尔兹曼定律也可以用辐射亮度表示为

$$L = \frac{\delta}{\pi} T^4 \, [\text{W}/(\text{m}^2 \cdot \text{sr})] \tag{3.6}$$

3. 维恩位移定律

光谱亮度的最大值的波长 $\lambda_{\max}$ 与它的绝对温度 T 成反比

$$\lambda_{\max} = \frac{A}{T} \tag{3.7}$$

式中，A 为常数，$A=2.896\times10^{-3}$（m·K）。

随温度的升高，绝对黑体光谱亮度的最大值的波长向短波方向移动。

4. 黑体实验装置的实验原理

1）仪器的基本组成

WGH-10 型黑体实验装置，由光栅单色仪，接收单元，扫描系统，电子放大器，A/D 采集单元，电压可调的稳压溴钨灯光源，计算机及打印机组成。该设备集光学、精密机械、电子学、计算机技术于一体。

2）主机结构

主机部分由以下几部分组成：单色器，狭缝，接收单元，光学系统以及光栅驱动系统。

（1）狭缝。

狭缝为直狭缝，宽度范围 0～2.5 mm 连续可调，顺时针旋转为狭缝宽度加大，反之减小，每旋转一周狭缝宽度变化 0.5 mm。为延长使用寿命，调节时注意最大不超过 2.5 mm，平日不使用时，狭缝最好开到 0.1～0.5 mm。

为去除光栅光谱仪中的高级次光谱，在使用过程中，操作者可根据需要把备用的滤光片插入缝插板上。

（2）仪器的光学系统。

光学系统采用 C-T 型，如图 3.2 所示。

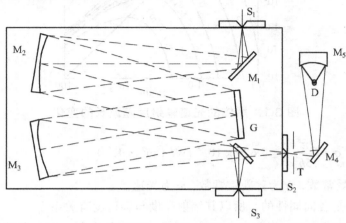

M_1—反射镜；M_2—准光镜；M_3—物镜；M_4—反射镜；M_5—深椭球镜；
G—平面衍射光栅；S_1—入射狭缝；S_2，S_3—出射狭缝；T—调制器。

图 3.2　光学系统原理图

入射狭缝、出射狭缝均为直狭缝，宽度范围 0~2.5 mm 连续可调，光源发出的光束进入入射狭缝 S_1，S_1 位于反射式准光镜 M_2 的焦面上，通过 S_1 射入的光束经 M_2 反射成平行光束投向平面光栅 G 上，衍射后的平行光束经物镜 M_3 成像在 S_2 上。经 M_4、M_5 会聚在光电接收器 D 上。M_2、M_3 的焦距为 302.5 mm，光栅 G 每毫米刻线 300 条，闪耀波长 1 400 nm。

滤光片工作区间：第一片，800~1000 nm；第二片，1000~1600 nm；第三片，1600~2500 nm。

（3）仪器的机械传动系统。

仪器采用如图 3.3（a）所示"正弦机构"进行波长扫描，丝杠由步进电机通过同步带驱动，螺母沿丝杠轴线方向移动，正弦杆由弹簧拉靠在滑块上，正弦杆与光栅台连接，并绕光栅台中心回转，如图 3.3（b），从而带动光栅转动，使不同波长的单色光依次通过出射狭缝而完成"扫描"。

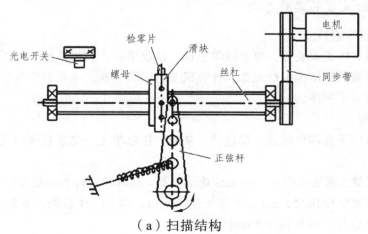

（a）扫描结构

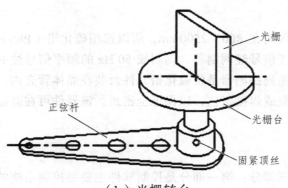

（b）光栅转台

图 3.3　扫描结构图及光栅转台图

（4）溴钨灯光源。

标准黑体应是黑体实验的主要配置，但标准黑体价格太高，所以本实验装置采用稳压溴钨灯作光源，溴钨灯的灯丝是用钨丝制成，钨是难熔金属，它的熔点为 3 665 K。钨丝灯是一种选择性的辐射体，它产生的光谱是连续的，它的总辐射本领 R_T 可由下式求出。

$$R_T = \varepsilon_T \sigma T^4 \tag{3.8}$$

式中，ε_T 为温度 T 时的总辐射系数，它是给定温度钨丝的辐射强度与绝对黑体的辐射强度之比，因此

$$\varepsilon_T = \frac{R_T}{M_T} \text{ 或 } \varepsilon_T = (1 - e^{-BT}) \tag{3.9}$$

式中，B 为常数，$B = 1.47 \times 10^{-4} \text{ K}^{-1}$。

钨丝灯的辐射光谱分布 $R_{\lambda T}$ 为

$$R_{\lambda T} = \frac{C_1 \varepsilon_{\lambda T}}{\lambda^5 (e^{\frac{C_2}{\lambda T}} - 1)} \tag{3.10}$$

上面谈到了黑体和钨丝灯辐射强度的关系，出厂时将给配套用的溴钨灯光源一套标准的工作电流与色温度对应关系的资料（见表 3.1）。

表 3.1　溴钨灯的工作电流-色温对应表

电流/A	色温/K	电流/A	色温/K
1.40	2 250	2.00	2 600
1.50	2 330	2.10	2 680
1.60	2 400	2.20	2 770
1.70	2 450	2.30	2 860
1.80	2 500	2.50	2 940
1.90	2 550		

（5）接收器。

本实验装置的工作区间在 800～2500 nm，所以选用硫化铅（PbS）为光信号接收器，从单色仪出缝射出的单色光信号经调制器，调制成 50 Hz 的频率信号被 PbS 接收，选用的 PbS 是晶体管外壳结构、该系列探测器是将硫化铅元件封装在晶体管壳内，充以干燥的氮气或其他惰性气体，并采用熔融或焊接工艺，以保证全密封。该器件可在高温，潮湿条件下工作且性能稳定可靠。

5. 软　件

实验装置的软件有三部分：第一部分是控制软件主要是控制系统的扫描，功能、数据的采集等；第二部分是数据处理部分，用来对曲线作处理，如曲线的平滑、四则运算等；第三部分专门用于黑体实验。第三部分的软件设计主要是用来完成黑体实验，主要内容：① 建立传递函数曲线，② 辐射光源能量的测量，③ 修正为黑体（发射率 ε 修正），④ 验证黑体辐射定律。

（1）建立传递函数曲线。

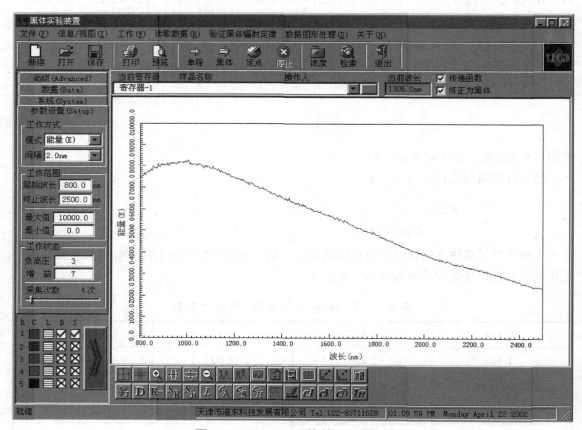

图 3.4　WGH–10 软件工作平台

任何型号的光谱仪在记录辐射光源的能量时都受光谱仪的各种光学元件，接收器件在不同波长处的响应系数影响，习惯称之为传递函数。为消除其影响，我们为用户提供一标准的

44

溴钨灯光源，其能量曲线是经过标定的。另外在软件内存储了一条该标准光源在 2 940 K 时的能量线。当用户需要建立传递函数时，请按下列顺序操作：

① 将标准光源电流调整为表 3.1 中色温为 2940K 时电流所在位置。

② 预热 20 min 后，在系统上记录该条件下全波段图谱；该光谱曲线包含了传递函数的影响；此时扫描模式为基线非能量。

③ 点击"验证黑体辐射定律"菜单，选"计算传递函数"命令，将该光谱曲线与已知的光源能量曲线相除，即得到传递函数曲线，并自动保存。以后用户在做测量时，只要将图 3.4 中右上方"□传递函数""点击成："☑传递函数"。以后再测未知光源辐射能量线时，测量的结果已扣除了仪器传递的影响。

（2）修正为黑体。

任意发光体的光谱辐射本领与黑体辐射都有一系数关系，软件内提供了钨的发射系数，并能通过图 3.4 的右上方"□修正成为黑体"的菜单，点击"□修正为黑体"点击成："☑修正为黑体"，扫描模式由基线改为能量。此时，测量溴钨灯的辐射能量曲线将自动修正为同温度下的黑体的曲线

（3）辐射光源能量测量。

将溴钨灯光源按说明书要求安装好，将图 3.4 中的"□传递函数及□修正为黑体"点击成："☑传递函数及☑修正为黑体"而后扫描记录溴钨灯曲线。可设定不同的色温多次测试，并选择不同的寄存器（最多选择 5 个寄存器）分别将测试结果存入待用。

（4）验证黑体辐射定律。

有了以上测试数据，操作者可点击验证黑体辐射定律，菜单图如图 3.5 所示。

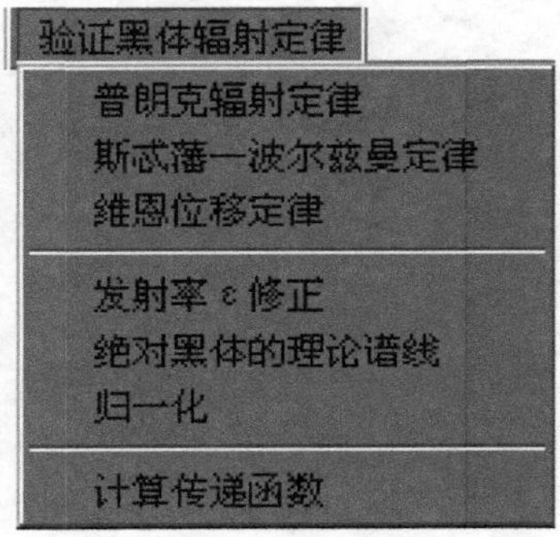

操作者可以根据软件提示，验证黑体辐射定律。

验证黑体辐射定律
普朗克辐射定律
斯忒藩—波尔兹曼定律
维恩位移定律
发射率 ε 修正
绝对黑体的理论谱线
归一化
计算传递函数

图 3.5　菜单选项

四、实验内容及步骤

（1）连接各条信号线及电源，依次打开溴钨灯电源、电控箱开关、计算机开关。预热 20 分钟。

（2）测量不同色温下黑体辐射曲线。

① 启动应用程序，按照实验原理对软件进行操作。

② 制作基线，建立传递函数。

③ 测量五个不同色温下黑体辐射曲线，放置于五个不同寄存器中。

（3）验证黑体辐射定律。

① 验证普朗克辐射定律。

② 验证斯忒藩-玻尔兹曼定律。

③ 验证维恩位移定律。

（4）检索波长到 800 nm 处，关闭应用软件，关闭计算机，按下电控机箱电源。

五、注意事项

（1）狭缝调节时注意最大不超过 2.5 mm，平日不使用时，狭缝最好开到 0.1～0.5 mm。

（2）关机时先检索波长到 800 nm 处，使机械系统受力最小，然后关闭应用软件，最后按下电控箱上的电源按钮关闭仪器电源。

六、思考题

（1）狭缝的宽度对曲线有什么影响？

（2）本实验装置的主要结构是怎样的？

（3）黑体辐射在物理学的发展中起了什么作用？

实验四　氢、氘原子光谱实验

光谱线系的规律与原子结构有内在的联系，光谱的观测为量子理论的建立提供了坚实的实验基础。氢原子结构是所有原子中最简单的，便于从实验上和理论上对它进行充分的研究。1885 年，巴耳末根据实验结果得出，在可见光区的氢光谱分布规律的经验公式，并能精确地预告尚未被测到的谱线。理论上，1889 年，里德伯提出了一个普遍方程，即里德伯方程。1911年，卢瑟福建立了正确的原子结构模型。1913 年，玻尔对原子结构问题提出了新的假设，把量子说引入卢瑟福模型，从而首先成功地建立了氢原子理论，可以准确地推导出巴耳末公式，并在理论上由电子电荷、电子质量以及普朗克常数计算里德伯常数，与实验值符合得很好。1928 年，狄拉克用他建立的相对论量子力学自然地计入电子的自旋，圆满地解释了氢光谱。但获得准确结果是困难的，因为相对论效应必然与核运动有关，氢原子能量的相对论改正项与精细结构常数 α 及电子和质子的质量 m_e、m_p 有关。1932 年，尤里等人用 3 m 凹面衍射光栅拍摄巴耳末线系光谱，发现在 H_α，H_β，H_γ，H_δ 的短波一侧均有一条弱的伴线，测量这些伴线的波长并在实验误差范围内计算结果比较，从而证实了重氢 $_1^2H$，即氘的存在，化学符号用 D 表示。

1970 年以后，由于射频波谱学及激光技术的发展，使光谱学获得了新生，推动了量子电动力学的发展。在氢原子理论研究方面，里德伯常数的理论计算值的精确度有了很大的提高。

2002 年，里德伯常数的国际推荐值为 $R_\infty = 10\,973\,731.568\,525(73)\mathrm{m}^{-1}$。同时，可以把里德伯常数用来计算氢光谱中的可见光和紫外谱线的频率，用里德伯常数把光频与微波频率联系起来，有可能代替现在的激光频率链。

一、实验目的

（1）了解 WGD-8A 型组合式多功能光栅光谱仪的原理和使用方法。
（2）测定氢原子与氘原子的巴耳末系发射光谱的波长和氢原子与氘原子的里德伯常数。

二、实验仪器

氢氘灯，WGD-8A 型组合式多功能光栅光谱仪，计算机。

三、实验原理

光谱是研究物质微观结构的重要手段，它广泛地应用于化学分析、医药、生物、地质、冶金、考古等部门。常用的光谱有吸收光谱、发射光谱、和散射光谱，波段从 X 射线、紫外线、可见光、红外光到微波和射频波段。测量原子光谱的各光谱的波长，可以推算出原子能级的结构情况，由此可得到关于原子微观结构的有关信息。因此，光谱实验是研究原子结构的重要手段。在所有元素中，氢原子是最简单的原子，因此它的光谱也最简单。本实验通过用光栅光谱仪测量氢原子与氘原子在可见波段的发射光谱，了解光谱与微观结构（能级）间的联系和掌握光谱测量的基本方法。

1. 氢、氘原子光谱

1885 年，瑞士物理学家巴耳末根据实验结果，经验性地确立了氢原子光谱在可见光区的谱线系（称为巴耳末系）的分布规律，其代表线为 H_α，H_β，H_γ，H_δ，…，这些谱线的间隔和强度都向着短波方向递减，并满足以下规律

$$\lambda = B\frac{n^2}{n^2-4} \tag{4.1}$$

式中，$B = 364.56\ nm$，n 为正整数。当 $n = 3$，4，5，…时，式（4.1）分别给出 H_α，H_β，H_γ，H_δ，…各谱线波长。式（4.1）故称为巴耳末公式。

根据玻尔理论，氢原子的能级公式为

$$E(n) = -\frac{\mu e^4}{8\varepsilon_0{}^2 h^2}\cdot\frac{1}{n^2}\quad(n = 1,\ 2,\ 3\cdots) \tag{4.2}$$

式中，$\mu = m_e M/(M+m_e)$ 称为约化质量，m_e 为电子质量，M 为原子核质量。

电子从高能级跃迁到低能级时，发射的光子能量 $h\nu$ 为两能级间的能量差，即

$$h\nu = E(m) - E(n)\quad(m > n) \tag{4.3}$$

若以波数 $\tilde{\nu} = 1/\lambda$ 表示，则式（4.3）可改为

$$\tilde{\nu} = \frac{E(m)-E(n)}{hc} = T(n) - T(m) = R_H\left(\frac{1}{n^2}-\frac{1}{m^2}\right) \tag{4.4}$$

式中，R_H 为氢原子的里德伯常数，单位是 m^{-1}，$T(n)$ 称为光谱项，它与能级 $E(n)$ 是对应的。从 R_H 可得氢原子各能级的能量

$$E(n) = -R_H hc\frac{1}{n^2} \tag{4.5}$$

式中，$h = 6.626\times10^{-34}\ J\cdot s$，$c = 2.997\,92\times10^8\ m\cdot s^{-1}$。

由氢原子光谱可知，从 $n \geqslant 3$ 至 $n = 2$ 跃迁，光子波长位于可见光区，其光谱符合规律

$$\tilde{\nu} = R_H\left(\frac{1}{2^2}-\frac{1}{n^2}\right)\quad(n = 3,\ 4,\ 5\cdots) \tag{4.6}$$

这就是巴耳末发现并总结的经验规律，称为巴耳末系。氢原子的莱曼系位于紫外，其他线系均位于红外。

根据玻尔对氢原子和类氢原子的里德伯常数计算，有

$$R_{\mathrm{H}} = \frac{R_\infty}{1 + m_{\mathrm{e}}/M} \tag{4.7}$$

从上式看出，里德伯常数与原子核的质量有关，其中

$$R_\infty = \frac{m_{\mathrm{e}}e^4}{8\varepsilon_0^2 h^3 c} \tag{4.8}$$

式中，h 是普朗克常数，c 是光速，ε_0 是真空中介电常数。由于 M 相对于 m_{e} 来说是很大的，若把 M 当作无限大，即原子核不动，电子绕原子核运动，这时 R 即为 R_∞。

具有相同质子数、不同中子数（或不同质量数）同一元素的不同核素互为同位素。氢原子核只有 1 个质子没有中子，氘 D（又叫重氢）是氢的同位素，它的原子核由一个质子和一个中子组成。氢与氘具有相同的能级结构，因而光谱结构也相同，氢原子光谱的每一组谱线都是两条波长非常接近的谱线，一条是氢原子的谱线，一条是氘原子的谱线。

由于氘比氢多了一个中子而使原子核的质量发生变化，从而使它的里德伯常数也发生变化，故氢与氘的里德伯常数分别为

$$R_{\mathrm{H}} = \frac{R_\infty}{1 + m_{\mathrm{e}}/M_{\mathrm{H}}} \tag{4.9}$$

$$R_{\mathrm{D}} = \frac{R_\infty}{1 + m_{\mathrm{e}}/M_{\mathrm{D}}} \tag{4.10}$$

式中，M_{H}、M_{D} 分别表示氢与氘原子核的质量。由（4.9）和（4.10）可知

$$\frac{M_{\mathrm{D}}}{M_{\mathrm{H}}} = \frac{R_{\mathrm{D}}/R_{\mathrm{H}}}{1 - (R_{\mathrm{D}}/R_{\mathrm{H}} - 1)M_{\mathrm{H}}/m_{\mathrm{e}}} \tag{4.11}$$

式中 $M_{\mathrm{H}}/m_{\mathrm{e}}$ 为氢原子核质量与电子质量之比，取值约为 1836。如果通过实验测出 $R_{\mathrm{D}}/R_{\mathrm{H}}$ 的值，则可求出氢与氘原子核的质量比。

由于氢与氘的光谱具有相同的规律性，故氢与氘的巴耳末公式的形式也相同，分别为

$$\tilde{v}_{\mathrm{H}} = \frac{1}{\lambda_{\mathrm{H}}} = R_{\mathrm{H}}\left(\frac{1}{2} - \frac{1}{n^2}\right) \tag{4.12}$$

$$\tilde{v}_{\mathrm{D}} = \frac{1}{\lambda_{\mathrm{D}}} = R_{\mathrm{D}}\left(\frac{1}{2} - \frac{1}{n^2}\right) \tag{4.13}$$

式中，λ_{H}、λ_{D} 分别为氢与氘各谱线波长。实验中只要测得各谱线的 λ_{H}、λ_{D}，并分别认出与各谱线相对应的 n，即可求出 R_{H}、R_{D}。

氢原子和氘原子的巴耳末线系的头几条谱线的波长见表 4.1。

表 4.1 氢氘原子的巴耳末线系谱线波长

谱线		α 线	β 线	γ 线	δ 线
H	波长/nm	656.280	486.133	434.047	410.174
D	波长/nm	656.100	485.999	433.928	410.062

2. 仪器组成

WGD-8A 型组合式多功能光栅光谱仪，由光栅单色仪，接收单元，扫描系统，电子放大器，A/D 采集单元，计算机组成。该设备集光学、精密机械、电子学、计算机技术于一体，由计算机对光谱仪进行扫描控制、信号处理和光谱显示。其工作原理如图 4.1 所示。

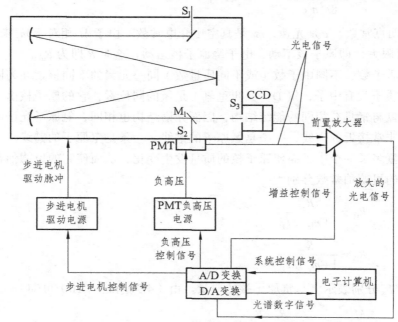

图 4.1　光谱仪的工作原理

光谱仪的探测器为光电倍增管或 CCD，用光电倍增管时，出射光通过狭缝 S_2 到达光电倍增管。用 CCD 做探测器时，转动小平面反射镜 M_1，使出射光通过狭缝 S_3 到达 CCD，CCD 可以同时探测某一个光谱范围内的光谱信号。

光信号经过倍增管（或 CCD）变为电信号后，首先经过前置放大器放大，再经过 A/D 变换，将模拟量转变成数字量，最终由计算机处理显示。前置放大器的增益、光电倍增管的负高压和 CCD 的积分时间可以由控制软件根据需要设置。前置放大器的增益现为 1，2，…，7 七个档次，数越大放大器的增益越高。光电倍增管的负高压也分为 1，2，…，7 七个档次，数越大所加的负高压越高，每档之间负高压相差约 200 V。CCD 的积分时间可以在 10 ms～40 s 任意改变。

扫描控制是利用步进电机控制正弦机构（根据光栅方程，波长和光栅的转角成正弦关系，因此采用正弦机构。）中丝杠的转动，进而使光栅转动实现的。步进电机在输入一组电脉冲后，就可以转动一个角度，相应地丝杠上螺母就移动一个固定的距离。每输入一组脉冲，光栅的转动便使出射狭缝出射的光波长改变 0.1 nm。

四、实验内容及步骤

（1）连接光栅光谱仪电源与计算机 USB 接口连线。

（2）打开光栅光谱仪电源开关，打开氢氖灯电源开关，氢氖灯对准 WGD-8A 型光栅光谱仪的物镜狭缝（狭缝宽度取 50），光栅光谱仪上光电倍增管狭缝取 10。

（3）运行 WGD-8A 倍增管系统软件，系统进行检索。

（4）设置系统参数。

工作方式：模式——能量；

间隔——0.1 nm。

工作范围：起始波长：400 nm；

终止波长：660 nm；

最大值：1 000；

最小值：0。

工作状态：负高压：800 V（手动调节光栅光谱仪电源上负高压调节旋钮至 800 V，此时软件调节不起作用，负高压越高，倍增管越灵敏）。

增益：3。

采集次数：20。

（5）数据扫描。

单击"单程"选项，仪器开始扫描，计算机显示出氢原子和氖原子的可见光区域的巴尔末线系谱线，打印该光谱线图。

（6）分别定量测量氢原子和氖原子的巴耳末线系谱线（系统参数的选择参考表 4.2），将测量结果填入表 4.2，并打印氢原子和氖原子的巴耳末线系 β 谱线图。

表 4.2　氢原子和氖原子的巴耳末线系谱线波长

原子	谱线	标准值/nm	选择参数								测量结果/nm
			工作方式		工作范围			工作状态		采集次数	
			模式	间隔/nm	波长/nm	最大值	最小值	负高压	增益		
氢	α	656.280	能量	0.01	655~657	1000	0	620 V	3	50	
氖		656.100									
氢	β	486.133	能量	0.01	485~487	1000	0	750 V	3	50	
氖		485.999									
氢	γ	434.047	能量	0.01	432~435	1000	0	800 V	3	50	
氖		433.928									
氢	δ	410.174	能量	0.01	408~412	1000	0	900 V	3	50	
氖		410.062									

（7）根据测量得到的氢原子和氖原子的巴耳末线系谱线的波长，用线性拟合方法求出氢原子和氖原子的里德伯常数。

五、注意事项

（1）光栅是精密光学器件，严禁用手触摸表面，以免弄脏或损坏。

（2）开启 WGD-8A 型组合式多功能光栅光谱仪前，先将负高压调至最低，然后接通电源，慢慢地调节负高压至高电压。测量完毕后，先将负高压调至最低，再关闭电源。

（3）氢氘光源使用的是高压电源，应特别小心，眼睛要避免直视光源。

六、思考题

（1）氢原子能级有何特点？

（2）分析实验中什么原因导致所求的里德伯常数与国际推荐值的差异，怎样减少实验中的误差？

（3）对于不同的原子，是什么原因使里德伯常数发生了变化？

实验五 电子衍射实验

电子衍射可以用来分析研究各种固体薄膜和表面晶体结构。在电子技术中，常常需要获取薄膜材料的晶体结构、晶粒尺寸、晶体取向与晶体间的相互关系等数据，电子衍射是有效的测定手段之一。

早在 1905 年，爱因斯坦依照普朗克的量子假说提出了光子理论。光子理论认为光是一种微粒——光子，每个光子具有能量 E 和动量 P，他们与光的频率 ν 和波长 λ 满足关系：$E = h\nu$ 和 $p = \dfrac{E}{c} = \dfrac{h\nu}{c} = \dfrac{h}{\lambda}$。

德布罗意（L. de Broglie）在光的波粒二象性和一些实验现象的启示下，于 1924 年提出实物粒子如电子、质子等也具有波动性的假说。1927 年戴维孙（C. J. Davisson）和革末（L. H. Germer）把电子注射到镍单晶上，所得到的结果与 X 射线衍射现象完全相同，他们由衍射图形求得的入射电子波长与由德布罗意公式计算出的波长相吻合，这就在实验上最早证实了德布罗意假说，为量子力学的建立奠定了基础。目前电子衍射技术已成为研究固体薄膜和表面层晶体结构的先进技术。

电子入射到晶体上时，各个晶粒对入射电子都有散射作用。但结果是只在某些方向才存在衍射束（衍射强度极大），而在其他方向不存在衍射束（衍射强度极弱）。衍射电子束强度极大的方向与入射电子波的波长 λ 以及晶体结构的关系完全与 X 射线的晶体衍射所服从的条件相同。

由于电子在物质中的穿透深度很小，它更适合用来研究微晶和薄膜的晶体结构。对于加速电压为几十到几百伏的低能电子，它对样品的穿透力特别弱，只有表面几层的原子对衍射图像有贡献，因此低能电子衍射已成为表面结构分析的有效手段。

一、实验目的

（1）验证电子具有波动性的假设。
（2）了解电子衍射和电子衍射实验对物理学发展的意义。
（3）了解电子衍射在研究晶体结构中的应用。
（4）通过电子衍射环确定晶体的晶格常数。

二、实验仪器

DF-8 型电子衍射仪，毫米尺。

三、实验原理

1. 电子的波粒二象性

$$\lambda = \frac{h}{P} = \frac{h}{mv} \tag{5.1}$$

式中，h 为普朗克常数，m、v 分别为粒子质量和速率，这就是德布罗意公式。

对于一个静止质量为 m_0 的电子，当加速电压在 30 kV 时，电子的运动速度很大，已接近光速。由于电子速度的加大而引起的电子质量的变化就不可忽略，根据狭义相对论，电子质量为

$$m = \frac{m_0}{\sqrt{1 - \dfrac{v^2}{c^2}}} \tag{5.2}$$

式中，c 为真空中光速。由（5.1）、（5.2）式即可得到电子波的波长

$$\lambda = \frac{h}{mv} = \frac{h}{m_0 v}\sqrt{1 - \frac{v^2}{c^2}} \tag{5.3}$$

在实验中，只要电子的能量由所加电压决定，则电子能量的增加就等于电场对电子所做的功，并利用相对论的动能表达式

$$eU = mc^2 - m_0 c^2 = m_0 c^2 \left(\frac{1}{\sqrt{1 - \dfrac{v^2}{c^2}}} - 1 \right) \tag{5.4}$$

得到

$$v = \frac{c\sqrt{e^2 U^2 + 2m_0 c^2 eU}}{eU + m_0 c} \tag{5.5}$$

及

$$\sqrt{1 - \frac{v^2}{c^2}} = \frac{m_0 c^2}{eU + m_0 c^2} \tag{5.6}$$

将（5.5）、（5.6）式代入（5.3）式，得

$$\lambda = \frac{h}{\sqrt{2m_0 eU \left(1 + \dfrac{eU}{2m_0 c^2}\right)}} \tag{5.7}$$

代入已知量，得

$$\lambda = \frac{12.26}{\sqrt{U(1 + 0.978 \times 10^{-6} U)}} \approx \frac{12.26}{\sqrt{U}}(1 - 0.489 \times 10^{-6} U) \quad (\text{Å}) \tag{5.8}$$

2. 电子波的晶体衍射

下面我们来简述测量 λ 的原理。晶体是由原子（或离子）有规则地排列而组成的，如图

5.1 所示，晶体中有许多晶面（即相互平行的原子层），相邻两晶面的间距为 d，它实际上是一种三维光栅。当具有一定速度的平行电子束（X 射线）通过晶体时，则电子（X 射线）受到原子（或离子）的散射。电子束（X 射线）具有一定的波长 λ，根据布拉格定律，当相邻两晶面上反射电子束（X 射线）（如图中的 I、II 线）的程差 Δ 符合下述条件时，可产生相长干涉，即满足

$$\Delta = 2d \sin \theta = n\lambda \quad (\ n = 0,1,2,\cdots) \tag{5.9}$$

时，散射波在空间加强。式（5.9）中 d 为晶体反射面间距，λ 为电子波波长，θ 为入射电子束（或反射电子束）（X 射线）与某晶面间的夹角，称掠射角。式（5.9）为布拉格公式，它说明只有在衍射角等于入射角的反射方向上，才能产生加强的反射，而在其他方向，衍射电子波（X 射线）很微弱，根本就观察不到。

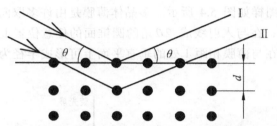

图 5.1　晶体内原子（或离子）对 X 射线的散射

一块晶体实际上具有很多方向不同的晶面族，晶面间距也各不相同，如 d_1，d_2，d_3 等（下图 5.2）。只有符合式（5.9）条件的晶面，才能产生相长干涉

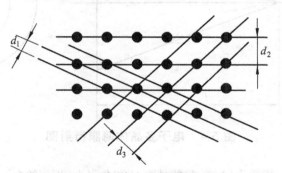

图 5.2　多种方向晶面族间距

这里再进一步介绍如何来标记晶体中各种不同晶面间距和方向的晶面族。单晶体的得原子（或离子）按某种方式周期性地排列着，这种重复单元称为原胞，各种晶体的原胞结构不同，例如有面心立方、体心立方等。面心立方晶胞的三边相等，设均为 a（这称为晶格常数），并互相垂直，这相当于在立方体各面的中心都放置一个原子，如图 5.3 所示。常见的许多金属，如金、银、铜、铝等，都为面心立方体结构。今分别以面心立方原胞三边作为空间直角坐标系的 x、y、z 轴。可以证明，晶面族法线方向与三个坐标轴的夹角的余弦之比等于晶面在三

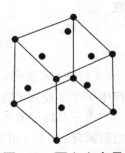

图 5.3　面心立方晶

个轴上的截距的倒数着比，它们是互质的三个整数，分别以 h，k，l 表示。显然，这组互质的整数可以用来表示晶面的法线方向。就称它们为该晶面族的密勒指数，习惯上用圆括弧表示，记以（h，k，l）。相邻晶面的间距 d 与其密勒指数有如下简单关系：

$$d = \frac{a}{\sqrt{h^2+k^2+l^2}} \tag{5.10}$$

式中，a 是晶体点阵常数（晶格常数），h，k，l 是晶面指数。

比较（5.9）、（5.10）式，并取 $n=1$ 得

$$\sin\theta_{hkl} = \frac{\lambda}{2a}\sqrt{(h^2+k^2+l^2)} \tag{5.11}$$

多晶体的电子衍射图样如图 5.4 所示。多晶体薄膜是由许多取向各不相同的微小晶粒组成。当电子束射入薄膜，在与入射线成 2θ 角的圆锥面的任意位置上总可以找到一组满足布拉格公式的晶面，于是在与薄膜相距 I 处的垂直平面上可形成半径为 r 的相干的圆环。由图（5.4）可知

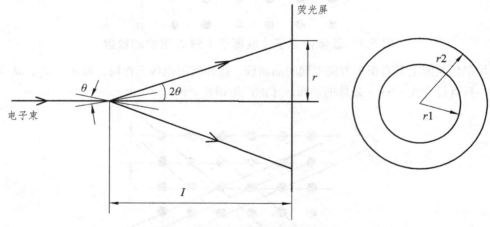

图 5.4　电子多晶体薄膜衍射图

图中，θ 与 r 均相应于某一指数为（h、k、l）的晶面。当 θ 角很小，近似的有 $\tan\theta = \sin\theta$。于是 $\frac{r}{2I} = \tan\theta$

或

$$I\lambda\sqrt{(h^2+k^2+l^2)} = ar \tag{5.12}$$

（5.12）式表明，当波长为 λ 的电子波被面间距为 d 的晶面反射时，将在与晶面相距 I 处产生一个半径为 r 的衍射圆。

由于晶体中有不同 d 值的晶面，因而对于一定的 λ 和 I 值，将产生一组不同半径的同心衍射圆环。λ 和 I 值是设计电子衍射仪几何尺寸的依据，称为仪器常数。I 是仪器镜筒的物理长度。在实验时，电子加速电压 U 是已知并可调整的。测得相应于某晶体不同面间距 d 的衍

射环半径 r，比较（5.8）式和（5.12）式，可以验证德布罗意公式。

从公式（5.11）可知，在一定的加速电压下，有

$$\lambda = \frac{2a\sin\theta}{\sqrt{h^2+k^2+l^2}} \qquad (5.13)$$

从而可导出

$$\lambda = \frac{ar}{I}\frac{1}{\sqrt{h^2+k^2+l^2}} \qquad (5.14)$$

根据面心立方晶系衍射线出现的规律，列出表格（见七、补充内容）。测得电子衍射图样中各衍射线的半径，求其平方值与第一线（半径最小的）半径平方之比，与表中指数平方和比值比较，便可确定面心立方晶体中个衍射线的晶面指数了。

3. 实验装置

电子衍射仪的结构如图 5.5 所示，其主要由两个部分组成：电子衍射管和电源。

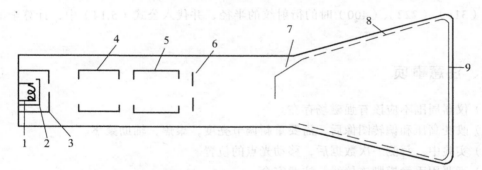

1—灯丝；2—阴极；3—栅极；4—第一阳极；5—第二阳极；6—限止目孔；
7—金属靶（第三阳极）；8—石墨涂层；9—荧光屏。

图 5.5　电子衍射管的组成

电子衍射管主要由电子枪、晶体薄膜、荧光屏及玻壳三个部分组成。

电子枪：它由阴极，灯丝，加速极，聚焦极，辅助聚焦极，调制极和 x、y 电偏转极等构成。

晶体薄膜：采用多晶或单晶体薄膜，厚度约为 $100\sim500$ Å。

荧光屏及玻壳：电子衍射管的外壳用玻璃制成，它被抽成真空后封闭，靶周围的玻壳部分涂有石墨涂层，并和荧光屏连在一起，此点与 $2\sim13$ kV 阳极电压端连接在一起。

电源部分加在晶体薄膜靶与阴极之间，高压在 $2\sim13$ kV 范围可调，面板上有高压表可直接显示靶与阴极之间的电位差。

灯丝电源为 $6.3\sim8$ V 可调。

本仪器可调电压源波动要小，以保证被反射的电子束波长的稳定，否则，将影响衍射环的清晰度。

四、实验内容及步骤

（1）观察电子衍射图样。

在开启电源前，应将高压控制开关按反时针拨动，直到顶头的断开位置为止，然后接通电源，仪器预热 5 min 后方可以将高压调到所需的数值。调节电子束聚焦，便能得到清晰的电子衍射图样。观察电子衍射现象，增大或减小电子的加速电压值，观察电子衍射直径变化情况，并分析是否与预期结果相符。

（2）测量运动电子的波长，验证德布罗意公式。

从电子衍射仪的高压电源面板读出加速电压值 U，代入式（5.8）计算电子波长 λ。对同一加速电压，用毫米刻度尺测量不同晶面（以密勒指数表示）的衍射环直径 $2r$，靶（多晶膜）到荧光屏的间距 $I = 251 \pm 3$ mm 已知，而实验室金属的晶格常数 $a = 4.078\,6$Å，把 $2r, I, a$ 的值以及补充内容中相应的密勒指数代入式（5.14），求出电子波长 λ。把由两种方法得到结果进行比较，计算相对误差。

（3）测量晶体的晶格常数。

在电子加速电压为 7 kV、9 kV、11 kV 时分别测量金的晶体反射面为（111）、（200）、（220）、（311）、（222）、（400）时的衍射纹的半径，并代入公式（5.14）中，计算金的晶格常数。

五、注意事项

（1）仪器周围不应该有强磁场存在。

（2）改变高压和偏转图像后，需要重新调节亮度，聚焦，辅助聚焦。

（3）实验中，每测一次数据后，移动光点的位置。

（4）不要用手触摸脚连接线，注意安全。

（5）操作时缓慢调节高压，若出现严重放电现象，可停止或退回高压，同时注意 X 射线的防护。

（6）测量衍射环半径时，应从不同角度测量 4～6 次，取平均值代入布拉格公式，这样可以减小实验误差。

六、思考题

（1）100 kV 加速电压下电子波波长值为多少？用晶体作电子衍射光栅才能观察到电子衍射现象，由此可否利用电子衍射现象研究晶体结构？

（2）如果是利用单晶体做样品，衍射图样有何特点？

（3）观察电子衍射，在技术上需要什么条件？

（4）根据实验原理，画出 $\lambda^2 - \dfrac{1}{U}$ 图形，并由此计算出普朗克常量 h。

七、补充内容（表5.1）

表 5.1　立方晶系电子衍射线指数注释表

衍射线序号	晶面指数	$h^2 + k^2 + l^2$	$h_n^2 + k_n^2 + l_n^2 / h_1^2 + k_1^2 + l_1^2$
1	111	3	1
2	200	4	1.3
3	220	8	2.7
4	311	11	3.7
5	222	12	4
6	400	16	5.3
7	331	19	6.3
8	420	20	6.7
9	422	24	8
10	511	27	9

实验六　塞曼效应实验

　　1896 年，荷兰物理学家塞曼发现，把产生光谱的光源置于足够强的磁场中，磁场作用于发光体使光谱发生变化，一条谱线会分裂成几条谱线，分裂的谱线数量与原子能级有关。在垂直于磁场方向观察是线偏振的，在平行于磁场方向观察是圆偏振的，这种现象叫作塞曼效应。塞曼效应是法拉第磁致旋光效应之后的又一个磁光效应。这个现象的发现是对光的电磁理论的有力支持，证实了原子具有磁矩和空间取向量子化，使人们对物质光谱、原子、分子有更多了解，特别是由于及时得到洛伦兹的理论解释，更受到人们的重视，被誉为继 X 射线之后物理学最重要的发现之一。

　　早年把那些谱线分裂为三条，而裂距按波数计算正好等于一个洛伦兹单位的现象叫作正常塞曼效应（洛伦兹单位 $L = eB/4\pi mc$ ）。正常塞曼效应用经典理论就能解释。实际上大多数谱线的塞曼分裂不是正常塞曼分裂，分裂的谱线多于三条，谱线的裂距可以大于也可以小于一个洛伦兹单位，人们称这种现象为反常塞曼效应，反常塞曼效应只有用量子理论才能得到满意的解释。塞曼效应的发现为直接证明空间量子化提供了实验依据，对推动量子理论的发展起到了重要作用。它揭示了原子内部运动的量子效应，到目前为止，塞曼效应仍然是研究原子内部结构的一种重要方法。

一、实验目的

（1）掌握观察塞曼效应的实验方法。
（2）观察原子谱线的分裂现象以及它们的偏振特征。
（3）应用塞曼效应计算电子荷质比。

二、实验仪器

　　法布里泊罗标准具（简称 F-P 标准具），电磁铁，聚焦透镜，偏振片，滤光片，CCD 镜头，光具座，导轨和计算机等。

三、实验原理

1. 基本原理

（1）原子总磁矩与总角动量的关系。

当光源置于磁场中，所发出的谱线会分裂成几条偏振化的谱线，这种现象叫作塞曼效应。

原子中的电子由于轨道运动产生轨道磁矩，电子还具有自旋运动产生自旋磁矩，轨道角动量 P_L 和自旋角动量 P_S 合成原子的总角动量 P_J，轨道磁矩 μ_L 和自旋磁矩 μ_S 合成原子的总磁矩 μ_J，在数值上有以下关系：

$$\mu_L = \frac{e}{2m}P_L, \quad P_L = \sqrt{L(L+1)}\hbar \tag{6.1}$$

$$\mu_S = \frac{e}{m}P_S, \quad P_S = \sqrt{S(S+1)}\hbar$$

式中，e，m 分别表示电子电荷和电子质量，L，S 分别表示轨道量子数和自旋量子数。μ_J 与 P_J 数值上的关系

$$\mu_J = g\frac{e}{2m}P_J \tag{6.2}$$

$$g = 1 + \frac{J(J+1) - L(L+1) + S(S+1)}{2J(J+1)}$$

式中，g 为朗德因子，它表征原子的总磁矩与总角动量的关系，而且决定了能级在磁场中分裂的大小。

（2）外磁场对原子能级及谱线的影响。

在外磁场中，原子的总磁矩在外磁场中受到力矩的作用，即

$$\vec{L} = \vec{\mu}_J \times \vec{B} \tag{6.3}$$

式中，$\vec{B}$ 表示磁感应强度，力矩 $\vec{L}$ 使角动量 $\vec{P}_J$ 绕磁场方向作进动，进动引起附加的能量 $\Delta E = -\mu_J B\cos\alpha$

将式（6.2）代入式（6.3），得

$$\Delta E = g\frac{e}{2m}P_J B\cos\alpha \tag{6.4}$$

由于 $\vec{\mu}_J$ 和 $\vec{P}_J$ 在磁场中取向量子化。也就是 $\vec{P}_J$ 在磁场方向的分量是量子化的。$\vec{P}_J$ 的分量只能是 $\hbar$ 的整数倍，即

$$P_J\cos\beta = M\hbar, \quad M = J, \quad (J-1), \quad \cdots, \quad -J \tag{6.5}$$

而这个附加能量和磁量子数 M 有关。这样，无外磁场时的一个能级，在外磁场的作用下就分裂成 $2J+1$ 个能级，每个能级附加的能量为

$$\Delta E = Mg\frac{e\hbar}{2m}B \tag{6.6}$$

设未加磁场时跃迁前后的能级为 E_1 和 E_2，则谱线的频率满足 $\nu = \frac{1}{h}(E_2 - E_1)$。

在外磁场中上下能级分别分裂为 $2J_2+1$ 和 $2J_1+1$ 个子能级，附加能量分别为 ΔE_2 和 ΔE_1。这样，上下能级之间的跃迁，将会发出频率为 ν' 的谱线，并有

61

$$hv' = (E_2 + \Delta E_2) - (E_1 + \Delta E_1) \tag{6.7}$$

分裂后的谱线与原谱线的频率差为

$$\Delta v = v - v' = \frac{1}{h}(\Delta E_2 - \Delta E_1) = (M_2 g_2 - M_1 g_1)\frac{e}{4\pi m}B \tag{6.8}$$

用波数表示为

$$\Delta \tilde{v} = \frac{\Delta v}{c} = (M_2 g_2 - M_1 g_1)\frac{e}{4\pi mc}B \tag{6.9}$$

令 $L = eB / 4\pi mc$，即洛伦兹单位，得

$$L = \frac{eB}{4\pi mc} = 0.467B \tag{6.10}$$

式中，B 的单位用 T（特斯拉）表示，L 的单位为 cm^{-1}。

（3）选择定则和偏振规律。

但是，电子并非能在任何两个能级间跃迁，必须满足选择定则：$\Delta M = 0$ 或者 ± 1。

① 当 $\Delta M = 0$，垂直于磁场的方向观察时，能观察到线偏振光，线偏振光的振动方向平行于磁场，称为 π 成分；当平行于磁场方向观察时，π 成分不出现。

② 当 $\Delta M = \pm 1$，垂直于磁场的方向观察时，能观察到线偏振光，线偏振光的振动方向垂直于磁场，称为 σ 成分。当平行于磁场方向观察时，能观察到圆偏振光，圆偏振光的转向依赖于 ΔM 的正负，磁场方向以及观察者相对于磁场的方向。当 $\Delta M = 1$，偏振转向是沿磁场方向前进的螺旋转动方向，磁场指向观察者时，为左旋圆偏振光 σ^+，当 $\Delta M = -1$，偏振转向是沿磁场方向倒退的螺旋转动方向，磁场指向观察者时，为右旋圆偏振光 σ^-。

（4）塞曼分裂。

本实验装置中所观察到的汞灯发出绿线，波长为 546.1 nm。在足够强的磁场中，它将分裂成 9 条谱线，如图 6.1 所示，在磁场观察的方式和偏振特性如表 6.1 所示。

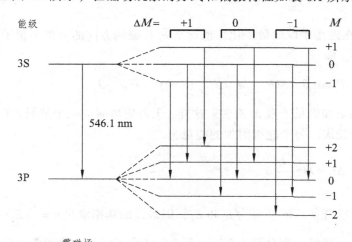

图 6.1　汞灯在磁场中分裂谱线

表 6.1　在磁场观察的方式和偏振特性

选择定则	垂直于磁场	平行于磁场
$\Delta M = 0$	线偏振光 π 成分	无光
$\Delta M = +1$	线偏振光 σ 成分	圆偏振光 σ^+
$\Delta M = -1$	线偏振光 σ 成分	圆偏振光 σ^-

当垂直于磁场方向观察时，可以观测到 9 条谱线，包括 3 条 π 偏振谱线，6 条 σ 偏振谱线，3 条 π 线较亮，6 条 σ 线较弱，可以通过旋转偏振器来观测 π 线和 σ 线，如图 6.2 所示。

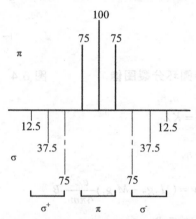

图 6.2　旋转偏振器下 π 线和 σ 线

2. 测量原理

本实验使用法布里泊罗标准具（F-P 标准具），标准具是平行放置的两块平面玻璃和夹在中间的一个间隔圈组成。当单色平行光束以某一小角度 θ 入射到标准具的平面上时，光束在 M 和 M' 两表面上经多次反射和透射，分别形成一系列相互平行的反射光束 1，2，3，…，以及透射光束 $1'$，$2'$，$3'$，…。这些相邻光束之间有一定的光程差

$$\Delta l = 2nd\cos\theta = 2d\cos\theta \tag{6.11}$$

式中，d 为两镜片的内表面距离，中间为空气，折射率为 1，光线入射角为 θ。

构成干涉极大值的条件是光程差为波长的整数倍，则

$$\Delta l = 2d\cos\theta = K\lambda \tag{6.12}$$

在标准具中心附近，由于入射角很小，可能认为 $\theta \approx 0$，则 $\cos\theta = 1$。由于 $\cos\theta$ 随着入射角的增加而减小，所以干涉圆环的最内层级数最高，为 K 级，之后依次为 $K-1$，$K-2$ 等，如图 6.3 所示。

从标准具出射的平行光，被焦距为 f 相机镜头聚焦成像在 CMOS 相机。如图 6.4 所示，干涉圆环的直径 $D = 2f\tan\theta$，又因为内层干涉圆环的出射角度很小，所以 $\theta = D/2f$，通过二项式展开，可得第 K 级圆环满足

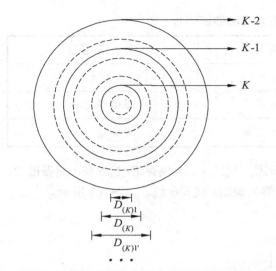

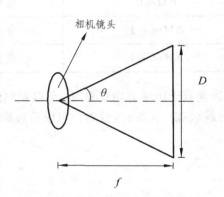

图 6.3　磁场足够强时的干涉圆环分裂图像　　　　图 6.4　相机镜头出的光路图

$$2d\left(1-\frac{D_K^2}{8f^2}\right)=K\lambda \tag{6.13}$$

将式（6.8）转化为波长表示

$$\Delta\lambda=-\frac{\lambda^2}{c}\Delta\nu=(M_2g_2-M_1g_1)\frac{e\lambda^2}{4\pi mc}B \tag{6.14}$$

对于 K 级的不同波长满足如下式

$$\Delta\lambda=\lambda_{K1}-\lambda_K=(D_{(K)}^2-D_{(K)1}^2)\frac{d}{4f^2K} \tag{6.15}$$

由能级分裂所产生的谱线的波长差是和相机镜头焦距无关的量，为消去焦距 f，由式（6.13）可得 $K-1$ 级满足如下关系式

$$2d\left(1-\frac{D_{(K-1)}^2}{8f^2}\right)=(K-1)\lambda \tag{6.16}$$

由式（6.13）和式（6.15）可得

$$\frac{d}{4f^2(D_{(K-1)}^2-D_K^2)}=\lambda \tag{6.17}$$

由式（6.17）求出 f^2 并代入式（6.15）得

$$\Delta\lambda=\frac{\lambda}{k}\cdot\frac{D_{(K)}^2-D_{(K)1}^2}{D_{(K-1)}^2-D_{(K)}^2} \tag{6.18}$$

由于入射角很小，所以 $\cos\theta\approx1$，$K\approx2d/\lambda$，代入式（6.18）则

$$\Delta\lambda=\frac{\lambda^2}{2d}\cdot\frac{D_{(K)}^2-D_{(K)1}^2}{D_{(K-1)}^2-D_{(K)}^2} \tag{6.19}$$

由式（6.14）和式（6.19）可得

$$\frac{e}{m} = \left(\frac{2\pi c}{dB}\right) \cdot \frac{1}{M_2 g_2 - M_1 g_1} \cdot \frac{D_{(K)}^2 - D_{(K)1}^2}{D_{(K-1)}^2 - D_{(K)}^2} \quad (6.20)$$

四、实验内容及步骤

1. 垂直于磁场方向观测

（1）调节光路共轴。

将聚光透镜和偏振器装入具有一维横向调节架的精密调整架中，并旋紧螺钉，将干涉滤光器旋进法布里泊罗标准具中，再将标准具对着汞灯，从标准具中可以看见一组同心干涉圆环，将眼睛从标准具的中心沿着其中一颗调节螺钉移动，如果干涉圆环也跟着变化，说明标准具的两面镜片的内表面没有平行。假如干涉圆环随着眼睛移动是扩张的，说明调节螺钉太松，需要拧紧，如果干涉圆环是随着眼睛移动是缩小的，说明调节螺钉太紧，需要旋松一些。按此方法，调节另外两颗调节螺钉，把标准具两面镜片的内表面调节平行。

将汞灯插入电磁线圈中间，电磁线圈可以旋转90°。汞灯所发出的光经透镜聚光后，穿过偏振器，经干涉滤光器滤光后，剩下波长为546.1 nm的光线，进入法布里泊罗标准具，形成干涉圆环，经相机镜头和CMOS相机成像。（注意：为避免杂散光的影响，该实验请在较黑暗的环境中进行）

（2）打开恒流电源和计算机，运行塞曼效应软件，调节杆的高度，并微调升降调节架，确保CMOS相机和汞灯窗口处于同一高度。

（3）调节镜头的光阑和后焦，并调节调整架、聚光透镜、偏振器以及CMOS相机，使得汞灯光斑清晰地处于在视频窗口中心位置。

（4）此时视频窗口会出现干涉圆环，适当调节聚光透镜的位置和相机镜头光阑，使得图像亮度适中，调节装有法布里泊罗标准具的那个精密调整架的 XY 调节旋钮，使得干涉圆环处于视频窗口中心，调节相机镜头后焦，获得清晰干涉图像。

（5）增大输入电磁线圈的电流，一般大于4 A即可看到分裂圆环，5 A实验效果较佳，如果此时干涉圆环有部分分裂，部分模糊，微调法布里泊罗标准具的三颗调节螺钉，获得清晰的干涉圆环。

（6）应用塞曼效应软件导入实验图像，取出笔型汞灯，用特斯拉计测量电磁线圈中心处的磁场大小，并输入，点击确定，即可计算出 e/m 的值并保存。

2. 平行于磁场方向观测

（1）松开锁紧螺钉，取出铁芯，确保汞灯光线从该孔穿出，旋转电磁线圈，使得磁场方向平行于导轨。

（2）按照实验步骤1调整光路。

（3）当整套装置调整完毕，观察图像并保存。

（4）关闭电源并整理实验仪器。

五、注意事项

（1）测量的磁场应为干涉条纹分裂时候的磁场，即：两者的电流大小应一致，何时测量磁场大小自行把握。

（2）不要松动磁铁两侧的定位旋钮，以免激磁时铁芯夹碎汞灯。

（3）注意用电安全，严禁用手触摸光学器件表面。

（4）测量磁场强度时应小心操作，防止特斯拉计测量笔把汞灯碰破。

六、思考题

（1）为什么圆环分裂后，每个圆环变暗了呢？为什么分裂后的圆环会比分裂前暗呢？怎么样使图像变得明亮呢？

（2）注意谱线在加磁场后能级的分裂及光谱线的分裂和光强分布，裂距大小与什么有关？谱线的偏振状态如何？

实验七　等离子体实验

等离子体通常被视为物质除固体、液态、气态之外存在的第四种形态。朗缪尔（I. Langmuir）和汤克斯（L. Tonks）首先引入"等离子体"这个名称。等离子体已广泛用于金属加工、电子工业、医学技术、显示技术、薄膜制造及广播通信等诸多部门，对等离子体的研究也在不断深入，并出现了崭新的局面。尤其是 20 世纪 60 年代以来，低温等离子体在材料领域的成功应用更是引人注目。低温等离子体的双温特性，可以用来进行镀膜、刻蚀、沉积出具有特殊性能的材料。

本实验有助于了解等离子体的产生、特性及应用，学习诊断等离子体参数的方法。

一、实验目的

（1）了解计算机数据采集的基本过程和影响采集精确度的主要因素。
（2）掌握气体放电中等离子体的特性与特点。
（3）掌握描述等离子体特性的主要参量及各参量的影响因素。
（4）理解等离子体诊断的主要方法，重点掌握单探针法。
（5）了解等离子体研究实验软件的主要功能，熟练操作软件。

二、实验仪器

放电管，接线板，等离子体放电电源，测试仪表，数据采集卡和辅助分析软件

三、实验原理

1. 等离子体的特性

等离子体（又称离子区）定义为大量正负带电粒子，而又不出现净空间电荷的电离气体，即其中正负电荷的密度相等，整体上呈现电中性。由于导致电离的能量来源不同，等离子体的产生可分为热电离、光电离、和碰撞电离三种主要方式。因而产生的等离子体也有等温等离子体和不等温等离子体两种不同的类型。等温等离子体的特点是所有的粒子具有相同的温度，粒子依靠自身的热能做无规则运动，如高温星球的大气和热核聚变等。

描述等离子体的主要参量有：

（1）电子温度 T_e。它是等离子的一个主要参量，因为在等离子中电子碰撞电离是主要的，而电子碰撞电离与电子的能量有直接关系，即与电子温度相关。

（2）带电粒子密度，电子密度为 n_e，正离子密度为 n_i，在等离子体中 $n_e \approx n_i$。

（3）轴向电场强度 E_L。表征为维持等离子体的存在所需的能量。

（4）电子平均动能 $\overline{E_e}$。

（5）空间电位分布。此外，由于等离子体中带电粒子间的相互作用是长程的库仑力，使它们在无规则的热运动之外，能产生某些类型的集体运动，如等离子振荡，其振荡频率 f_p 称为朗缪尔频率或等离子体频率。电子振荡时辐射的电磁波称为等离子体电磁辐射。

2. 稀薄气体产生的辉光放电

辉光放电是气体导电的一种形态。当放电管内的压强保持在 $10 \sim 10^2$ Pa 时，在两电极上加高电压，就能观察到管内有放电现象。辉光分为明暗相间的 8 个区域，分别为阿斯顿区、阴极辉区、阴极暗区、负辉区、法拉第暗区、正辉区（即正辉柱）、阳极暗区、阳极辉区。正辉区是感兴趣的等离子区。其特征是：气体高度电离；电场强度很小，且沿轴向有恒定值。这使得其中带电粒子的无规则热运动胜过它们的定向运动。所以它们基本上遵从麦克斯韦速度分布律。由其具体分布可得到一个相应的温度，即电子温度。但是由于电子质量小，它在跟离子或原子作弹性碰撞时能量损失很小，所以电子的平均动能比其他粒子的大得多，这是一种非平衡状态。因此，虽然电子温度很高（约为 10^5 K），但放电气体的整体温度并不明显升高，放电管的玻璃壁并不软化。

3. 等离子体诊断

测试等离子体的方法被称为诊断，它是等离子体物理实验的重要部分。等离子体诊断有探针法、霍尔效应法、微波法、光谱法等。

（1）探针法。

探针法测定等离子体参量是朗缪尔提出的，又称朗缪尔探针法，分单探针法和双探针法。

① 单探针法。

探针是封入等离子体中的一个小的金属电极（其形状可以是平板形、圆柱形、球形），其接法如图 7.1 所示。以放电管的阳极或阴极作为参考点，改变探针电位，测出相应的探针电流，得到探针电流与其电位之间的关系，即探针伏安特性曲线，如图 7.2 所示。

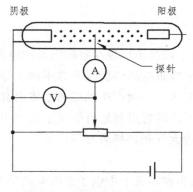

图 7.1　朗缪尔探针法

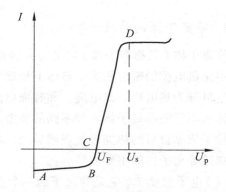

图 7.2　单探针伏安特性曲线

对此曲线的解释为：在 AB 段，探针的电位比等离子体的空间电位 U_s 要低得多，所以电子受负电位的拒斥，而速度很慢的正离子则被吸向探针，在探针周围形成正离子构成的空间电荷层，即"正离子鞘"，它把探针电场屏蔽起来。等离子区中的正离子只能靠热运动穿过鞘层到达探针，形成探针电流，所以 AB 段为正离子流，这个电流很小。过了 B 点，随着探针电位增大，电场对电子的拒斥作用减弱，使一些快速电子能够克服电场拒斥作用到达探针，这些电子形成的电流抵消了部分正离子流，使探针电流逐渐下降，所以 BC 段为正离子流加电子流。到了 C 点，电子流刚好等于正离子流，互相抵消，使探针电流为零。此时探针电位就是悬浮电位 U_F。继续增大探针电位，到达探针电极的电子数比正离子数多得多，探针电流转为正向，并且迅速增大，所以 CD 段为电子流加离子流，以电子流为主。当探针电极电位 U_p 进一步升高，探针电极周围的气体也被电离，使探极电流又迅速增大，甚至烧毁探针。由单探针法得到的伏安特性曲线，可以求得等离子体的一些主要参量。对于曲线的 CD 段，由于电子受到减速电位 $U_p - U_s$ 的作用，只有能量比 $e(U_p - U_s)$ 大的那部分电子能够到达探针。假定等离子区内电子的速度服从麦克斯韦分布，则减速电场中靠近探针表面处的电子密度 n_e，由玻耳兹曼分布得

$$n_e = n_0 \exp\left[\frac{e(U_p - U_s)}{kT_e}\right] \tag{7.1}$$

式中，n_0 为等离子区中的电子密度，T_e 为等离子区中的电子温度，k 为玻尔兹曼常数。

在电子平均速度为 $\bar{v}_e$ 时，在单位时间内落到表面为 S 的探针上的电子数为

$$N_e = \frac{1}{4} n_e \bar{v}_e S \tag{7.2}$$

将（7.1）式代入（7.2）式，得探针上的电子电流

$$I = N_e e = \frac{1}{4} n_e \bar{v}_e Se = I_0 \exp\left[\frac{e(U_p - U_s)}{kT_e}\right] \tag{7.3}$$

$$I_0 = \frac{1}{4} n_0 \bar{v}_e Se \tag{7.4}$$

对（7.3）式取对数

$$\ln I = \ln I_0 - \frac{eU_s}{kT_e} + \frac{eU_p}{kT_e} \tag{7.5}$$

式中

$$\ln I_0 - \frac{eU_s}{kT_e} = C \quad （C \text{为常数}） \tag{7.6}$$

故

$$\ln I = \frac{eU_p}{kT_e} + C \tag{7.7}$$

可见电子电流的对数和探针电位呈线性关系。作半对数曲线，如图 7.3 所示，直线部分的斜率 $\tan\phi$，可决定电子温度 T_e。

$$T_e = \frac{e}{k\tan\phi} = \frac{11\,600}{\tan\phi}(\text{K}) \tag{7.6}$$

若取 10 为底的对数，则常数 11 600 应改为 5 040。

对于服从麦克斯韦分布的电子，其平均动能 $\overline{E_e}$ 和平均速度 $\overline{v_e}$

$$\overline{E_e} = \frac{3}{2}kT_e \tag{7.7}$$

$$\overline{v_e} = \sqrt{\frac{8kT_e}{\pi m_e}} \tag{7.8}$$

式中，m_e 为电子质量。

由（7.4）式可求得离等离子区中的电子密度

$$n_e = \frac{4I_0}{eS\overline{v_e}} = \frac{I_0}{eS}\sqrt{\frac{2\pi m_e}{kT_e}} \tag{7.9}$$

式中，I_0 为 $U_p = U_s$ 时的电子电流，S 为探针裸露在等离子区中的表面积。

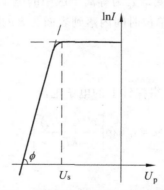

图 7.3　探针电子电流的对数特性

② 双探针法。

单探针法有一定的局限性，因为探针的电位要以放电管的阳极或阴极电位作为参考点，而且一部分放电电流会对探极电流有所贡献，造成探极电流过大和特性曲线失真。接下来介绍另外一种方法——双探针法。双探针法是在放电管中装两根探针，相隔一段距离 l。双探针法的伏安特性曲线如图 7.4 所示。熟悉了单探针法的理论后，对双探针的特性曲线是不难理解的。

在坐标原点，如果两根探针之间没有电位差，它们各自得到的电流相等，所以外电流为零。然而，一般说来，由于两个探针所在的等离子体电位稍有不同，所以外加电压为零时，电流不是零。随着外加电压逐步增加，电流趋于饱和。最大电流是饱和离子电流 I_{s1}、I_{s2}。探针法有一个重要的优点，即流到系统的总电流绝不可能大于饱和离子电流。这是因为流到系统的电子电流总是与相等的离子电流平衡，从而探针对等离子体的干扰大为减小。由双探针特性曲线，通过下式可求得电子温度 T_e。

$$T_e = \frac{e}{k} \frac{I_{i1} I_{i2}}{I_{i1} + I_{i2}} \frac{dU}{dI}\bigg|_{U=0} \tag{7.10}$$

式中，e 为电子电荷，k 为玻耳兹曼常数，I_{i1}、I_{i2} 为流到探针 1 和 2 的正离子电流。它们由饱和离子流确定。是 $U=0$ 附近伏安特性曲线斜率 $\frac{dU}{dI}\bigg|_{U=0}$。电子密度 n_e 为

$$n_e = \frac{2I_s}{eS} \sqrt{\frac{M}{kT_e}} \tag{7.11}$$

式中，M 是放电管所充气体的离子质量，S 是两根探针的平均表面积。I_s 是正离子饱和电流。由双探针法可测定等离子体内的轴向电场强度 E_L。一种方法是分别测定两根探针所在处的等离子体电位 U_1 和 U_2，由下式得

$$E_L = \frac{U_1 - U_2}{l} \tag{7.12}$$

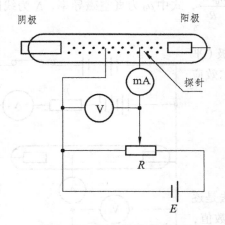

图 7.4　电流补偿电路图

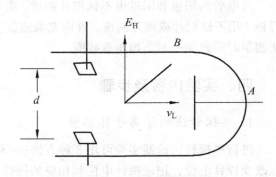

图 7.5　霍尔效应法示意图

式中，l 为两探针间距。另一种方法称为补偿法，接线如图 7.4 所示。当电流表上的读数为零时，伏特表上的电位差除以探针间距 l，也可得到 E_L。

（2）霍尔效应法。

在等离子体中悬浮一对平行板，在与等离子体中带电粒子漂移垂直的方向施加磁场，保持磁场方向、漂移方向和平行板法线方向三者互相垂直，如图 7.5 所示，则具有电荷 e 和漂移速度 v_L 的电子在磁场中受到的洛仑兹力为

$$\overrightarrow{F_L} = e\overrightarrow{v_L} \times \overrightarrow{B}$$

式中，B 为磁感应强度。

71

这个作用力使电子向平行板法线方向偏转，从而建立起霍尔电场 E_H，这个场对电子也将产生作用力 $F_e = eE_H$，当磁力和电场力平等时，有

$$v_L = \frac{E_H}{B} = \frac{U_H}{Bd} \qquad (7.13)$$

式中，d 是平行板间距，U_H 是霍尔电压。实验证明，对弱磁场，霍尔电压和磁场之间保持线性关系，但（7.13）式要修改为

$$v_L = \frac{8U_H}{Bd} \qquad (7.14)$$

设电流密度为 j，则通过放电管的电流为 $dI = jdA$。设 r 是放电管半径，则 $dI = n_e(r)ev_L 2\pi r dr$ 在只考虑数量级时，可假定 $n_e(r)$ 是常数，则有

$$I = n_e e\pi r^2 v_L \qquad (7.15)$$

由（7.14）式和（7.15）式，求得电子密度

$$n_e = \frac{I}{e\pi r^2 v_L} = \frac{IBd}{8e\pi r^2 U_H} \qquad (7.16)$$

亥姆霍兹线圈轴中内的磁感应强度为 $B = 0.724\frac{u_0 Ni}{R}$，式中 μ_0 为真空磁导率，N 为线圈匝数，i 为线圈电流，R 为线圈半径。

放电管的阳极和阴极由不锈钢片制成，霍尔电极（平行板）用不锈钢片或镍片制成。管内充汞或氩。霍尔效应法测量时需外加一对亥姆霍兹线圈。

四、实验内容及步骤

1. 单探针法测等离子体参量

进行单探针法诊断实验可用 3 种方法：一种方法是逐点改变探针电位，记录探针电位和相应的探针电流数值，然后在直角坐标纸和半对数纸上绘出单探针伏安特性曲线。另一种方法用 X-Y 函数记录仪直接记录探针电位和探针电流，自动描绘出伏安特性曲线。第三种方法是电脑化 X-Y 记录仪和等离子体实验辅助分析软件，测量伏安特性曲线，算出等离子体参量。单探针法实验原理图如图 7.6 所示。

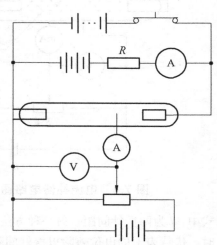

图 7.6　单探针法实验原理

（1）按图 7.7 连接线路。

（2）接通仪器主机总电源、测试单元电源、探针单元电源和放电单元电源，显示开关置电压显示，调节输出电压使之为 300 V 左右，再把显示开关置电流显示，按高压触发按钮数次，使放电管触发并正常放电，然后，将放电电流调到 30～100 mA 的某一值，一般调到 60 mA 左右。

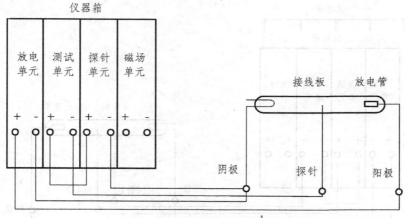

图 7.7　单探针发实验接线图

（3）用电脑化 X-Y 记录仪代替用普通的函数记录仪，确保微机内已安装数据采集软件以及等离子体实验辅助分析软件，这些软件的使用方法请参阅仪器使用说明书或者软件的在线帮助。接好线路并检查无误后，使放电管放电，启动微机，运行电脑化 X-Y 记录仪数据采集软件，随着探针电位自动扫描，电脑自动描出 U-I 特性曲线，将数据保存。

（4）运行等离子体实验辅助分析软件，将数据文件打开。进行处理，求得电子温度等主要参量。

2. 双探针法测等离子体参量

用逐步记录法和自动记录法测出双探针伏安特性曲线，求 T_e 和 n_e。双探针法实验原理图如图 7.8 所示。实验方法与单探针法相同，接线图如图 7.9 所示。值得注意的是双探针法探针电流比单探针法小两个数量级，故要合理选择仪表量程。

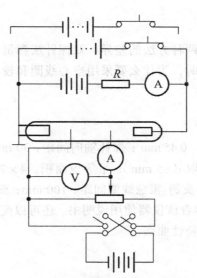

图 7.8　双探针法实验原理

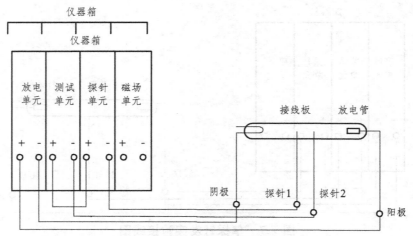

图 7.9　双探针法实验连接图

五、注意事项

（1）放电单元输出的是高压，应使所有的实验线路接好后再接通放电单元，一旦放电单元接通后，就不允许再用手去碰任何电极，以免触电。

（2）高压触发时间不要太长，一般可在数秒内，但可以重复多次，直至放电管启辉放电。

（3）放电管在放电前，要把"显示开关"置于"电流显示"挡，然后才能进行触发。

（4）在测量时，如果发现探针处发红光，说明探针正在烧毁，应立即关掉电源。

（5）探针电流不宜过大，以免损坏仪器

（6）组合仪必须在看懂使用说明书后才可连线和操作。一定要按照操作规程操作，不可乱动旋钮。

六、思考题

（1）比较单探针和双探针两种方法的差异，双探针法测量的优点有哪些？

（2）采用霍尔效应法测量时，为什么要采用空心线圈和较小的励磁电流？

七、补充内容

探针面积，$S = \pi d^2 / 4$，$d = 0.45$ mm；探针轴向间距，30 mm；放电管内径，$\phi = 6$ mm（气体放电柱直径要稍小些，通常取 $\phi = 5$ mm）；平等板面积，4×7 mm^2；平行板间距，$d = 4$ mm；亥姆-霍兹线圈直径，200 mm；亥姆-霍兹线圈间距，100 mm；亥姆-霍兹线圈匝数，400 匝（单只）；组合仪和接线板的用法参看该仪器使用说明书。还可以配 X-Y 函数记录仪，或者用电脑化 X-Y 记录仪，自动描出伏安特性曲线。

实验八　核磁共振实验

核磁共振（NMR）就是指处于某个静磁场中的物质的原子核系统受到相应频率的电磁辐射时，在它们的磁能级之间发生的共振跃迁现象。它自问世以来已在物理、化学、生物、医学等方面获得广泛应用，是测定原子的核磁矩和研究核结构的直接而准确的方法，也是精确测量磁场的重要方法之一。

一、实验目的

（1）了解核磁共振的基本原理和实验方法。
（2）测量氢核 ^{1}H 的旋磁比和 g 因子。
（3）测量氟核 ^{19}F 的旋磁比和 g 因子。

二、实验仪器

探头，电磁铁，磁场调制系统，磁共振实验仪，外接示波器，频率计数器。

三、实验原理

1. 量子力学观点

1）单个核的磁共振

实验中以氢核为研究对象。通常将原子核的总磁矩 μ 在其角动量 P 方向的投影 μ 称为核磁矩。它们之间关系可写成：

$$\mu = \gamma P \tag{8.1}$$

对于质子，式中 $\gamma = g_N e/(2m_p)$，称为旋磁比。其中，e 为质子电荷，m_p 为质子质量，g_N 为核的朗德因子。按照量子力学，原子核角动量的大小由下式决定：

$$P = \sqrt{I(I+1)}\hbar \tag{8.2}$$

式中，$\hbar$ 为普朗克常数，I 为核自旋量子数，对于氢核 $I = \dfrac{1}{2}$。

把氢核放在外磁场 B 中，取坐标轴 z 方向为 B 的方向。核角动量在 B 方向的投影值由下式决定：

$$P_z = m\hbar \tag{8.3}$$

式中，m 为核的磁量子数，可取 $m = I, I-1, \cdots, -I$。对于氢核 $m = -\dfrac{1}{2}, \dfrac{1}{2}$。

核磁矩在 $\boldsymbol{B}$ 方向的投影值

$$\mu_z = \gamma P_z = g_{\mathrm{N}} \frac{e}{2m_{\mathrm{p}}} m\hbar = g_{\mathrm{N}} \left(\frac{e\hbar}{2m_{\mathrm{p}}} \right) m \tag{8.4}$$

将之写为

$$\mu_z = g_{\mathrm{N}} \mu_{\mathrm{N}} m \tag{8.5}$$

式中，$\mu_{\mathrm{N}} = \dfrac{e\hbar}{2m_{\mathrm{p}}} = 5.050\ 787$ J/T，称为核磁子，用作核磁矩的单位。磁矩为 μ 的原子核在恒定磁场中具有势能

$$E = -\mu \cdot B = -\mu_z B = -g_{\mathrm{N}} \mu_{\mathrm{N}} m B \tag{8.6}$$

任何两个能级间能量差为

$$\Delta E = E_{m_1} - E_{m_2} = -g_{\mathrm{N}} \mu_{\mathrm{N}} B (m_1 - m_2) \tag{8.7}$$

根据量子力学选择定则，只有 $\Delta m = \pm 1$ 的两个能级之间才能发生跃迁，其能量差为

$$\Delta E = g_{\mathrm{N}} \mu_{\mathrm{N}} B \tag{8.8}$$

若实验时外磁场为 B_0，用频率为 ν_0 的电磁波照射原子核，如果电磁波的能量 $h\nu_0$ 恰好等于氢原子核两能级能量差，即

$$h\nu_0 = g_{\mathrm{N}} \mu_{\mathrm{N}} B_0 \tag{8.9}$$

则氢原子核就会吸收电磁波的能量，由 $m = \dfrac{1}{2}$ 的能级跃迁到 $m = -\dfrac{1}{2}$ 的能级，这就是核磁共振吸收现象。式（8.9）为核磁共振条件。为使用上的方便，常把它写为：

$$\nu_0 = \left(\frac{g_{\mathrm{N}} \mu_{\mathrm{N}}}{h} \right) B_0 \text{ 或 } \omega_0 = \gamma B_0 \tag{8.10}$$

式（8.10）为本实验的理论公式。对于氢核，$\gamma_{\mathrm{H}} = 2.675\ 22 \times 10^2$ MHz/T。

2）核磁共振信号强度

实验所用样品为大量同类核的集合。由于低能级上的核数目比高能级上的核数目略微多些，但低能级上参与核磁共振吸收未被共振辐射抵消的核数目很少，所以核磁共振信号非常微弱。

推导可知，T 越低，B_0 越高，则共振信号越强。因而核磁共振实验要求磁场强些。另外，还需磁场在样品范围内高度均匀，若磁场不均匀，则信号被噪声所淹没，难以观察到核磁共振信号。

2. 经典理论观点

1）单个核的拉摩尔进动

具有磁矩 μ 的原子核放在恒定磁场 B_0 中，设核角动量为 P，则由经典理论可知

$$\frac{\mathrm{d}P}{\mathrm{d}t} = \mu \times B_0 \qquad (8.11)$$

将（8.1）式代入（8.11）式得：

$$\frac{\mathrm{d}\mu}{\mathrm{d}t} = \gamma(\mu \times B_0) \qquad (8.12)$$

由推导可知核磁矩 μ 在静磁场 B_0 中的运动特点为：

① 围绕外磁场 B_0 做进动，进动角频率 $\omega_0 = \gamma B_0$，跟 μ 和 B_0 间夹角 θ 无关。

② 它在 xy 平面上的投影 $\mu_\perp$ 是一常数。

③ 它在外磁场 B_0 方向上的投影 μ_z 为常数。

如果在与 B_0 垂直方向上加一个旋转磁场 B_1，且 $B_1 << B_0$。设 B_1 的角速度为 ω_1，当 $\omega_1 = \omega_0$ 时，则旋转磁场 B_1 与进动着的核磁矩 μ 在运动中总是同步。可设想建立一个旋转坐标系 x'，y'，z'，z' 与固定坐标系 x，y，z 的 z 轴重合，x' 与 y' 以角速度 ω_1 绕 z 轴旋转。则从旋转坐标系来看，B_1 对 μ 的作用恰似恒定磁场，它必然要产生一个附加转矩。因此 μ 也要绕 B_1 作进动，使 μ 与 B_0 间夹角 θ 发生变化。由核磁矩的势能公式

$$E = -\mu \cdot B = -\mu B \cos\theta \qquad (8.13)$$

可知，θ 的变化意味着磁势能 E 的变化。这个改变是以所加旋转磁场的能量变化为代价的。即当 θ 增加时，核要从外磁场 B_1 中吸收能量，这就是核磁共振现象。共振条件是：

$$\omega_1 = \omega_0 = \gamma B_0 \qquad (8.14)$$

这一结论与量子力学得出的结论一致。

如果外磁场 B_1 的旋转角速度 $\omega_1 \neq \omega_0$，则 θ 角变化不显著，平均起来变化为零，观察不到核磁共振信号。

2）布洛赫方程

上面讨论的是单个核的核磁共振，但实验中观察到的现象是样品中磁化强度矢量 M 变化的反映，所以必须研究 M 在外磁场 B 中的运动方程。

在核磁共振时，有两个过程同时起作用：一是受激跃迁，核磁矩系统吸收电磁波能量，其效果是使上下能级的粒子数趋于相等；二是弛豫过程，核磁矩系统把能量传与晶格，其效果是使粒子数趋向于热平衡分布。这两个过程达到一个动态平衡，于是粒子差数稳定在某一新的数值上，我们可以连续地观察到稳态的吸收。

现在首先研究磁场对 M 的作用。在外磁场 B 作用下，由式（8.12）可得：

$$\frac{\mathrm{d}M}{\mathrm{d}t} = \gamma(M \times B) \qquad (8.15)$$

可导出 M 围绕 B 作进动，进动角频率 $\omega = \gamma B$。假定外磁场 B 沿 z 轴方向，再沿 x 轴方向加一线偏振磁场

$$B_1 = 2B_1 (\cos \omega t) e_x \tag{8.16}$$

式中，e_x 为沿 x 轴的单位矢量，$2B_1$ 为振幅。根据振动理论，该线偏振场可看作左旋圆偏振场和右旋圆偏振场的叠加，只有当圆偏振场的旋转方向与进动方向相同时才起作用。对于 γ 为正的系统，只有顺时针方向的圆偏振场起作用。以此为例，$B_1 = B_{1顺}$。则 B_1 在坐标轴的投影为

$$B_{1x} = B_1 \cos \omega t \tag{8.17}$$

$$B_{1y} = -B_1 \sin \omega t \tag{8.18}$$

当旋转磁场 B_1 不存在且自旋系统与晶格处于热平衡时，M 只有沿外磁场 z 方向的分量 M_z，而 $M_x = M_y = 0$ 则

$$M_z = M_0 = \chi_0 H = \chi_0 B / \mu_0 \tag{8.19}$$

式中，χ_0 为静磁化率，μ_0 为真空磁导率，M_0 为自旋系统与晶格达到热平衡时的磁化强度。

其次考虑弛豫对 M 的影响。核磁矩系统吸收了旋转磁场的能量后，处于高能态的核数目增大（$M_z < M_0$），偏离了热平衡态。由于自旋与晶格的相互作用，晶格将吸收核的能量，使核跃迁到低能态而向热平衡过渡，表示这个过渡的特征时间称为纵向弛豫时间，以 T_1 表示。假设 M_z 向平衡值 M_0 过渡的速度与 M_z 偏离 M_0 的程度（$M_z - M_0$）成正比，则 M_z 的运动方程可写成

$$\frac{\mathrm{d}M_z}{\mathrm{d}t} = \frac{-(M_z - M_0)}{T_1} \tag{8.20}$$

此外，自旋和自旋间也存在相互作用，对每个核而言，都受邻近其他核磁矩所产生局部磁场的作用，而这个局部磁场对不同的核稍有不同，因而使每个核的进动角频率也不尽相同。假若某时刻所有的核磁矩在 xy 平面上的投影方向相同，由于各个核的进动角频率不同，经过一段时间 T_2 后，各个核磁矩在 xy 平面上的投影方向将变为无规分布，从而使 M_x 和 M_y 最后变为零。T_2 称为横向弛豫时间。与 M_z 类似，假设 M_x 和 M_y 向零过渡的速度分别与 M_x 和 M_y 成正比，则运动方程可写成：

$$\left. \begin{array}{l} \dfrac{\mathrm{d}M_x}{\mathrm{d}t} = -\dfrac{M_x}{T_2} \\[2mm] \dfrac{\mathrm{d}M_y}{\mathrm{d}t} = -\dfrac{M_y}{T_2} \end{array} \right\} \tag{8.21}$$

同时考虑磁场 $B = B_0 + B_1$ 和弛豫过程对磁化强度 M 的作用，如果假设各自的规律性不受另一因素影响，由式（8.15）、（8.17）、（8.18）、（8.19）、（8.21），就可简单地得到描述核磁共振现象的基本运动方程：

$$\frac{\mathrm{d}\boldsymbol{M}}{\mathrm{d}t} = \gamma \boldsymbol{M} \times \boldsymbol{B} - \frac{1}{T_2}(M_x \boldsymbol{i} + M_y \boldsymbol{j}) - \frac{1}{T_1}(M_z - M_0)\boldsymbol{k} \tag{8.22}$$

该方程称为布洛赫方程。其中 $\boldsymbol{B} = \boldsymbol{i}B_1\cos\omega t - \boldsymbol{j}B_1\sin\omega t + \boldsymbol{k}B_0$。方程（8.22）的分量式为

$$\left.\begin{aligned}
\frac{\mathrm{d}M_x}{\mathrm{d}t} &= \gamma(M_y B_0 + M_z B_1 \sin\omega t) - \frac{M_x}{T_2} \\
\frac{\mathrm{d}M_y}{\mathrm{d}t} &= \gamma(M_z B_1 \cos\omega t - M_x B_0) - \frac{M_y}{T_2} \\
\frac{\mathrm{d}M_z}{\mathrm{d}t} &= -\gamma(M_x B_1 \sin\omega t + M_y B_1 \cos\omega t) - \frac{1}{T_1}(M_z - M_0)
\end{aligned}\right\} \tag{8.23}$$

在各种条件下解上述方程，可以解释各种核磁共振现象，一般来说，对液体样品是相当正确的，而对固体样品不很理想。本实验中，质子样品的实验结果就比氟样品精确。

建立旋转坐标系 x', y', z'，$\boldsymbol{B}_1$ 与 x' 重合，$\boldsymbol{M}_\perp$ 为 $\boldsymbol{M}$ 在 xy 平面内的分量，u 和 $-v$ 分别为 $\boldsymbol{M}_\perp$ 在 x' 和 y' 方向上的分量，推导可知 M_z 的变化是 v 的函数而非 u 的函数，而 M_z 的变化表示核磁化强度矢量的能量变化，所以 v 变化反映了系统能量的变化。如果磁场或频率的变化十分缓慢，可得稳态解

$$\left.\begin{aligned}
u &= \frac{\gamma B_1 T_2^2(\omega_0 - \omega)M_0}{1 + T_2^2(\omega_0 - \omega)^2 + \gamma^2 B_1^2 T_1 T_2} \\
v &= -\frac{\gamma B_1 M_0 T_2}{1 + T_2^2(\omega_0 - \omega)^2 + \gamma^2 B_1^2 T_1 T_2} \\
M_z &= \frac{[1 + T_2^2(\omega_0 - \omega)]M_0}{1 + T_2^2(\omega_0 - \omega)^2 + \gamma^2 B_1^2 T_1 T_2}
\end{aligned}\right\} \tag{8.24}$$

则可得 u, v 随 ω 变化的函数关系曲线，如图 8.1 所示，图 8.1（a）称为色散信号，图 8.1（b）称为吸收信号。可知当外加旋转磁场 $\boldsymbol{B}_1$ 的角频率 ω 等于 $\boldsymbol{M}$ 在磁场 $\boldsymbol{B}_0$ 中进动的角频率 ω_0 时，吸收信号最强，即出现共振吸收。

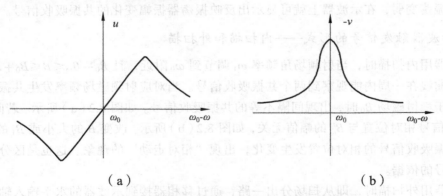

图 8.1　核磁共振时的色散信号和吸收信号

此外，在做核磁共振实验时，观察到的共振信号出现"尾波"，这是由于频率调制速度太快，不满足布洛赫方程稳态解的"通过共振"条件。

四、实验内容及步骤

核磁共振实验装置由探头、电磁铁及磁场调制系统、磁共振实验仪、外接示波器、频率计数器组成

1. 磁　场

磁场由稳流电源激励电磁铁产生，保证了磁场从 0 到几千高斯范围内连续可调，数字电压表和电流表使得磁场强度的调节得以直观地显示，稳流电源保证了磁场强度的高度稳定。

2. 扫　场

观察核磁共振信号有两种方法：扫场法，即旋转场 B_1 的频率 ω_1 固定，而让磁场 B 连续变化通过共振区域；扫频法，即磁场 B 固定，让旋转磁场 B_1 的频率 ω_1 连续变化通过共振区域。二者完全等效。但后者更简单易行。本实验采用扫频法，在稳恒磁场 B_0 上叠加一个低频调制磁场 $B' = B_m \sin \omega' t$，则样品所在区域为 $B_0 + B_m \sin \omega' t$，由于 B_m 很小，总磁场方向保持不变，只是磁场幅值按调制频率在 $B_0 - B_m \sim B_0 + B_m$ 范围内发生周期性变化。可得相应的拉摩尔进动频率 ω_0 为

$$\omega_0 = \gamma(B_0 + B_m \sin \omega' t) \tag{8.25}$$

只要旋转场频率 ω_1 调在 ω_0 附近，同时 $B_0 - B_m \leqslant B \leqslant B_0 + B_m$，则共振条件在调制场的一个周期内被满足两次。在示波器上将观察到共振吸收信号。

3. 边限振荡器

边限振荡器是指振荡器调节至振荡与不振荡的边缘，当样品吸收能量不同亦即线圈 Q 值改变时，振荡器的振幅将有较大变化。边限振荡器既可避免产生饱和效应，也使样品中少量的能量吸收引起振荡器振幅较大的相对变化，提高检测共振信号的灵敏度。当共振时样品吸收增强，振荡变弱，在示波器上就可显示出反映振荡器振幅变化的共振吸收信号。

4. 示波器触发信号的形式——内扫描和外扫描

示波器用内扫描时，当射频场角频率 ω_1 调节到 ω_0 附近，且 $B_0 - B_m \leqslant B \leqslant B_0 + B_m$ 时，则磁场变化曲线在一周内能观察到两个共振吸收信号。当对应射频磁场频率发生共振的磁场 B 的值不等于稳恒磁场 B_0 时，出现间隔不等的共振吸收信号。如图 8.2（a）所示。若间隔相等，则 $B = B_0$，信号相对位置与 B'_m 的幅值无关，如图 8.2（b）所示。改变 B 的大小或 B_1 的频率 ω_1，均可使共振吸收信号的相对位置发生变化，出现"相对走动"的现象。这也是区分共振信号和干扰信号的依据。

示波器用外扫描时，即从扫场分出一路，通过移相器接到示波器的水平输入轴，作为外触发信号。当磁场扫描到共振点时，可在示波器上观察到如图 8.3 所示的两个形状对称的信号波形，它对应于磁场 B 一周内发生两次核磁共振，再细心地把波形调节到示波器荧光屏的中心位置并使两峰重合，此时共振频率和磁场满足 $\omega_0 = \gamma B_0$。

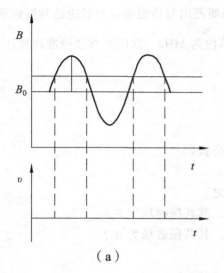
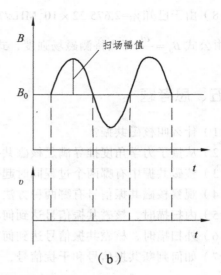

（a）　　　　　　　　　　　　　　　（b）

图 8.2　扫场法检测共振吸收信号

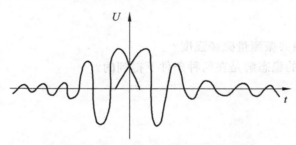

图 8.3　对称的共振吸收信号波形

实验步骤如下：

（1）打开系统各仪器（磁共振实验仪、频率计数器、示波器）电源开关，示波器置于外扫描状态，把质子样品插入电磁铁均匀磁场中间，预热 20 min。

（2）缓慢调节磁场电源或频率调节旋钮，直至示波器上出现共振信号，调节样品在磁场中的位置使共振信号最强。

（3）调节"调相"旋钮，使两波的第一峰重合，并通过调节磁场电流或频率调节旋钮使之位于示波器的中央。此时的 f_H 即为样品在该磁场电流下的共振频率，记录相应数据 I 和 f_H。

（4）保持磁场电流不变，将示波器改为内扫描状态，微调频率调节旋钮，使共振信号间距相等，此时的 f_H 即为内扫描时样品在该磁场电流下的共振频率，记录相应数据 I 和 f_H。

（5）改变磁场电流，重复 3、4，测定样品在其工作范围内不同磁场电流下的共振频率。

（6）把原质子样品更换为氟样品，保持磁场电流与前样品相对应，重复上述步骤 2、3、4、5。

（7）处理实验数据。当质子共振磁场 B_H 与氟共振磁场 B_F 相等时，有 $\gamma_F = \dfrac{f_F \gamma_H}{f_H}$，式中，$f_F$ 为氟样品的共振频率，f_H 为质子样品的共振频率，γ_F 和 γ_H 分别为氟样品和质子样品的旋磁比，其中，γ_H 为已知，所以相同磁场电流下的 f_F 和 f_H，从而求出 γ_F 和 g 因子。

（8）由于已知 $\gamma_H = 2.675\,22 \times 10^2\,\mathrm{MHz}/T$，所以只要测出与待测磁场相对应的共振频率 f_F，即可由公式 $B_0 = \dfrac{\omega}{\gamma_H}$ 算出待测磁场强度，式中频率单位为 MHz。常用此方法校准高斯计。

五、思考题

（1）什么叫核磁共振？

（2）从量子力学角度推导满足核磁共振条件的公式。

（3）核磁共振中有哪两个过程同时起作用？

（4）观察核磁共振信号有哪两种方法？并解释之。

（5）内扫描时，核磁共振信号达到何种形式时，其共振磁场为 B_0？

（6）外扫描时，核磁共振信号达到何种形式时，其共振磁场为 B_0？

（7）如何判断共振信号和干扰信号，为什么？

（8）利用 $\gamma_F = \dfrac{f_F \gamma_H}{f_H}$ 时，为什么质子样品的共振频率 f_H 和氟样品的共振频率 f_F 必须在同一磁场电流下测出？

（9）怎样利用核磁共振测量磁场强度？

（10）布洛赫方程的稳态解是在何种条件下得到的？

实验九　电子顺磁共振实验

电子自旋共振（Electron Spin Resonance）缩写为 ESR，又称顺磁共振（Electron Paramagnetic Resonance）缩写为 EPR。它是指处于恒定磁场中的电子自旋磁矩在射频电磁场作用下发生的一种磁能级间的共振跃迁现象。这种共振跃迁现象只能发生在原子的固有磁矩不为零的顺磁材料中，称为电子顺磁共振。1944 年由苏联的柴伏依斯基首先发现。它与核磁共振（NMR）现象十分相似，所以 1945 年 Purcell、Paund、Bloch 和 Hanson 等人提出的 NMR 实验技术后来也被用来观测 ESR 现象。

ESR 已成功地被应用于顺磁物质的研究，目前它在化学、物理、生物和医学等各方面都获得了极其广泛的应用。例如发现过渡族元素的离子、研究半导体中的杂质和缺陷、离子晶体的结构、金属和半导体中电子交换的速度以及导电电子的性质等。所以，ESR 也是一种重要的近代物理实验技术。

一、实验目的

（1）了解、掌握微波仪器和器件的应用。

（2）在了解电子自旋共振原理的基础上，学习用微波频段检测电子自旋共振信号的方法。

（3）通过有机自由基 DPPH 的 g 值和 DPPH 的共振频率 f_s，算出共振磁场 B_s，与特斯拉计测量的磁场对比。

二、实验仪器

电子顺磁共振仪，示波器。

三、实验原理

1. 电子顺磁共振

原子的磁性来源于原子磁矩，由于原子核的磁矩很小，可以略去不计，所以原子的总磁矩由原子中各电子的轨道磁矩和自旋磁矩所决定。原子的总磁矩 μ_J 与总角动量 P_J 之间满足如下关系：

$$\mu_J = -g\frac{u_B}{\hbar}P_J = \gamma P_J \tag{9.1}$$

式中，μ_B 为玻尔磁子，$\hbar$ 为约化普朗克常量。由式（9.1）得知，旋磁比

$$\gamma = -g\frac{\mu_B}{\hbar} \tag{9.2}$$

按照量子理论，电子的 L-S 耦合结果，朗德因子

$$g = 1 + \frac{J(J+1) + S(S+1) - L(L+1)}{2J(J+1)} \tag{9.3}$$

由此可见，若原子的磁矩完全由电子自旋磁矩贡献（$L=0$，$J \approx S$），则 $g=2$。反之，若磁矩完全由电子的轨道磁矩所贡献（$S=0$，$J=L$），则 $g=1$。若自旋和轨道磁矩两者都有贡献，则 g 的值介乎 1 与 2 之间。因此，精确测定 g 的数值便可判断电子运动的影响，从而有助于了解原子的结构。

将原子磁矩不为零的顺磁物质置于外磁场 B_0 中，则原子磁矩与外磁场相互作用能由式 $E = -\mu_J \cdot B_0$ 决定，那么，相邻磁能级之间的能量差

$$\Delta E = \gamma \hbar B_0 \tag{9.4}$$

如果垂直于外磁场 B_0 的方向上施加一幅值很小的交变磁场 $2B_1 \cos \omega t$，当交变磁场的角频率 ω 满足共振条件

$$\hbar \omega = \Delta E = \gamma \hbar B_0 \tag{9.5}$$

时，则原子在相邻磁能级之间发生共振跃迁。这种现象称为电子自旋共振，又叫顺磁共振。在顺磁物质中，由于电子受到原子外部电荷的作用，使电子轨道平面发生旋进，电子的轨道角动量量子数 L 的平均值为 0，当作一级近似时，可以认为电子轨道角动量近似为零，因此顺磁物质中的磁矩主要是电子自旋磁矩的贡献。

由（9.2）和（9.5）两式可解出 g 因子

$$g = hf_0 / \mu_B B_0 \tag{9.6}$$

式中，f_0 为共振频率，h 为普朗克常数。

本实验的样品为 DPPH（Di-Phehcryl Picryl Hydrazal），化学名称是二苯基苦酸基联氨，其分子结构式为 $(C_6H_5)_2N - NC_6H_2 \cdot (NO_2)_3$，如图 9.1 所示。它的第二个氮原子上存在一个未成对的电子，构成有机自由基，实验观测的就是这类电子的磁共振现象。

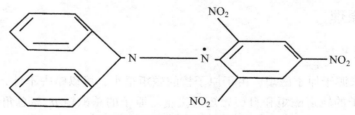

图 9.1　DPPH 分子的结构式

实际上样品是一个含有大量不成对的电子自旋所组成的系统，它们在磁场中只分裂为两个塞曼能级，在热平衡时，分布于各塞曼能级上的粒子数服从波耳兹曼分布，即低能级上的粒子数总比高能级的多一些，因此，即使粒子数因感应辐射由高能级跃迁到低能级的概率和

粒子因感应吸收由低能级跃迁到高能级的概率相等，但由于低能级的粒子数比高能级的多，也是感应吸收占优势，从而为观测样品的磁共振吸收信号提供可能性。随着高低能级上粒子差数的减少，以致趋于零，则看不到共振现象，即所谓饱和。但实际上共振现象仍可继续发生，这是弛豫过程在起作用，弛豫过程使整个系统有恢复到玻耳兹曼分布的趋势，两种作用的综合效应，使自旋系统达到动态平衡，电子自旋共振现象就能维持下去。

电子自旋共振也有两种弛豫过程，一是电子自旋与晶格交换能量，使得处在高能级的粒子把一部分能量传给晶格，从而返回低能级，这种作用称为自旋-晶格弛豫，由自旋-晶格弛豫时间用 T_1 表征；二是自旋粒子相互之间交换能量，使它们的旋进相位趋于随机分布，这种作用称自旋-自旋弛豫，由自旋-自旋弛豫时间用 T_2 表征。这个效应使共振谱线展宽，T_2 与谱线的半高宽 $\Delta\omega$ 有如下关系

$$\Delta\omega \approx \frac{2}{T_2} \tag{9.7}$$

故测定线宽后便可估算 T_2 的大小。

观察 ESR 所用的交变磁场的频率由恒定磁场 B_0 的大小决定，因此可在射频段或微波段进行 ESR 实验。

2. 测量原理

系统的基本构成如图 9.2 所示。由微波传输部件把 X 波段体效应二极管信号源的微波功率馈给谐振腔内的样品，样品处于恒定磁场中，磁铁由 50 Hz 交流电对磁场提供扫描，当满足共振条件时输出共振信号，信号由示波器直接检测。各个微波部件的原理、性能及使用方法如下：

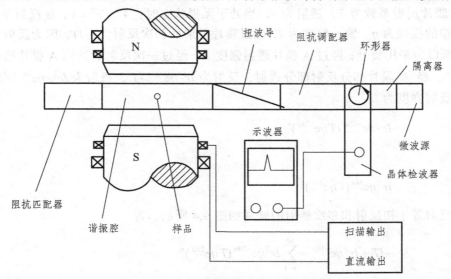

图 9.2 电子顺磁共振仪结构示意图

（1）谐振腔。

谐振腔由矩形波导组成，如图 9.3 所示。A 为谐振腔耦合膜片，B 为可变短路调节器也为短路膜片。

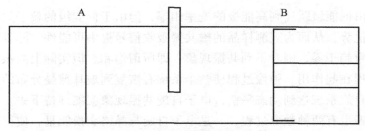

图 9.3　谐振腔结构示意图

谐振腔的工作原理如下：

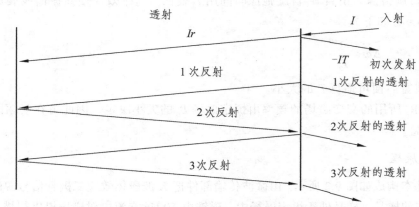

图 9.4　初反射和多次透射的叠加效果图

设 A 膜片反射系数为 T，透射为 r，当处于无损状态时：$T^2 + r^2 = 1$；B 反射系数为 1，样品及传输的损耗为 η。输入幅度为 I，经过膜片反射后初次反射为 $-IT$，因为反射相位与入射相反，所以为采用负号；经过 A 膜片透射强度 Ir，经过一次反射后达到 A 膜片这时电磁场为 $Ir \cdot \eta e^{i2kx}$，经 A 膜片部分反射部分透射，反射为 $Ir \cdot \eta e^{-2ikx} \cdot T$，透射为 $Ir^2 \cdot \eta e^{2kx}$ 同理得出多次反射后反射强度为

$$Ir \cdot \eta e^{-i2kx}(T\eta e^{-2kx})^n \tag{9.8}$$

透射为

$$Ir^2 \eta e^{2kx}(T\eta e^{2kx})^n \tag{9.9}$$

真实反射等于初反射和多次透射的叠加如图 9.4 所示，得

$$-IT + Ir^2 \eta e^{-2ikx} + \sum_{n=1}^{10} Ir^2 \eta e^{-2ikx}(T\eta e^{2ikx})^n \tag{9.10}$$

$$= -IT + Ir^2 \eta e^{-2ikx} + Ir^2 \eta e^{-2ikx} \cdot \frac{T\eta e^{i2kx}}{1 - T\eta e^{2ikx}}$$

$$= -IT + Ir^2 \cdot \frac{\eta e^{-2ikx}}{1 - T\eta e^{-2ikx}} \tag{9.11}$$

当谐振时：$e^{-2ikx}=1$，则反射强度为

$$I_{out} = I \cdot \left(-T + \frac{r^2\eta}{1-T\eta}\right) \quad (9.12)$$

因为共振信号表现为 η 的变化，所以我们将（9.12）式对 η 求导得

$$I_s = I_{out}(\eta) \cdot \Delta\eta = I\frac{r^2(1-T\eta)}{(1-T\eta)^2}\Delta\eta + \frac{r^2\eta T}{(1-T\eta)^2}\Delta\eta = I \cdot \frac{1-T^2}{(1-T\eta)^2}\Delta\eta \quad (9.13)$$

增益

$$K = I \cdot \frac{1-T^2}{(1-T\eta)^2} \quad (9.14)$$

对 T 求最大值得

$$T = \eta \quad (9.15)$$

增益最大值

$$K = \frac{1-\eta^2}{(1-\eta^2)^2} = \frac{1}{1-\eta^2} = Q \quad (9.16)$$

式中，Q 为品质因素 $\left(Q = \frac{1}{(1-\eta)^2}\right)$。

此时反射强度

$$I_{out} = I\left(-\eta + \frac{(1-\eta^2)\eta}{1-\eta\eta}\right) = 0 \quad (9.17)$$

可以得出膜孔最佳耦合时增益最高，反射为 0。谐振腔的品质因素决定增益的大小。

（2）微波源。

微波源由体效应管、变容二极管、频率调节、电源输入端组成，如图 9.5 所示，微波源供电电压为 12 V，其发射频率为 9.37 GHz。

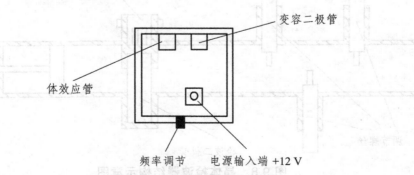

图 9.5　微波源结构示意图

（3）隔离器。

隔离器具有单向传输功能。其结构如图9.6所示。1输入，2输出，基本无衰减，2输入，1输出，有极大的衰减

（4）环形器。

环形器具有定向传输功能。其结构如图9.7所示。

1输入，2输出无衰减，3输出衰减>30 db；

2输入，3输出无衰减，1输出衰减>30 db；

3输入，1输出无衰减，2输出衰减>30 db。

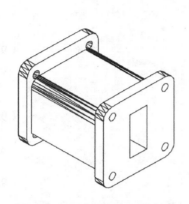

图9.6　隔离器结构示意图

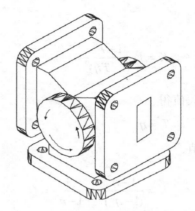

图9.7　环形器结构示意图

（5）晶体检波器。

用于检测微波信号，由前置的三个螺钉调配器、晶体管座和末端的短路活塞三部分组成。其核心部分是跨接于矩形波导宽壁中心线上的点接触微波二极管（也叫晶体管检波器），其管轴沿 TE10 波的最大电场方向，它将拾取到的微波信号整流（检波）。当微波信号是连续波，整流后的输出为直流。输出信号由与二极管相连的同轴线中心导体引出，接到相应的指示器，如直流电表、示波器。测量时要反复调节波导终端的短路活塞的位置以及输入前端三个螺钉的穿伸度，使检波电流达到最大值，以获得较高的测量灵敏度。其结构如图9.8所示。

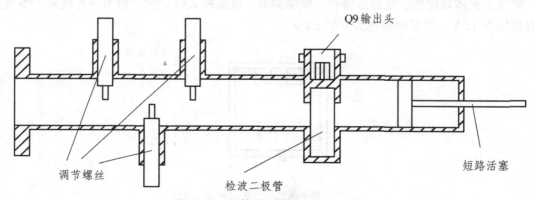

图9.8　晶体检波器结构示意图

（6）扭波导。

扭波导能改变波导中电磁波的偏振方向（对电磁波无衰减）。主要作用是便于机械安装。其结构如图 9.9 所示。

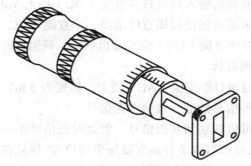

图 9.9　扭波导结构示意图

（7）短路活塞。

短路活塞是接在传输系统终端的单臂微波元件，它接在终端对入射微波功率几乎全部反射而不吸收，从而在传输系统中形成纯驻波状态。它是一个可移动金属短路面的矩形波导，也可称可变短路器。其短路面的位置可通过螺旋来调节并可直接读数。

（8）阻抗调配器。

阻抗调配器是双轨臂波导元件，调节 E 面 H 面的短路活塞可以改变波导元件的参数。它的主要作用是改变微波系统的负载状态，它可以系统调节至匹配状态、容性负载、感性负载等不同状态。在微波顺磁共振中主要作用是观察吸收、色散信号。图 9.10 是阻抗调配器外观图。

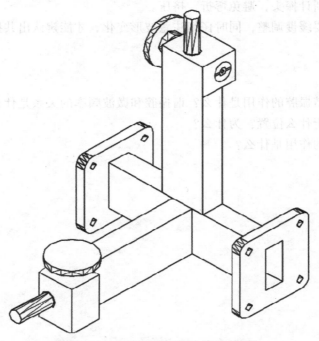

图 9.10　阻抗调配器结构示意图

四、实验内容及步骤

（1）将 DPPH 样品插在直波导上的小孔中。

（2）打开电源，将示波器的输入通道打在直流（DC）挡上 Volts 置 0.1 或 0.2 V。

（3）调节检波器中的末端旋钮使扫描直线最高，即直流（DC）信号输出最大。

（4）调节端路活塞，再使直流（DC）信号输出最小。调阻抗匹配器，使扫描直线至最低位置，此时扫描直线应有锯齿状。

（5）将示波器的输入通道打在交流（AC）挡上，幅度为 5 mV 挡时间置 5 ms，再调节直流旋钮，此时有较好的共振信号波形，观察共振信号。

（6）这时在示波器就可以观察到共振信号，但此时的信号不一定为最强，可以再小范围地调节短路活塞与检波器,也可以调节样品在磁场中的位置(样品在磁场中心处为最佳状态)，使信号达到一个最佳的状态。

（7）信号调出以后，关机，将阻抗匹配器接在环型器中的（Ⅱ）端与扭波导中间，开机，通过调节阻抗匹配器上的旋钮，就可以观察到吸收或色散波形。

注：磁场的位置对波形变有影响。如整个过程按顺序做完，调不出共振波形，可对换磁场系统的直流部分和扫描磁场的电源。如不是磁场系统的问题可去掉阻抗匹配器进行调节。

五、注意事项

（1）磁极间隙在仪器出厂前已经调整好，实验时最好不要自行调节，以免偏离共振磁场过大。

（2）保护好高斯计探头，避免弯折、挤压。

（3）励磁电流要缓慢调整，同时仔细注意波形变化，才能辨认出共振吸收峰。

六、思考题

（1）本实验中谐振腔的作用是什么？谐振腔和微波频率的关系是什么？

（2）样品应位于什么位置？为什么？

（3）扫场电压的作用是什么？

实验十 光泵磁共振实验

光泵磁共振技术是 20 世纪 50 年代法国物理学家卡斯特勒（A. Kastler）提出的。他于 1966 年获诺贝尔物理学奖。该技术是将光抽运与射频磁共振相结合的一种双共振过程。气体原子塞曼子能级能量差极小，磁共振信号极弱，难于探测，采用光探测原子对入射光的吸收，获得了磁共振信号。因此光泵磁共振技术既保持了磁共振的高分辨率，又将探测灵敏度提高了约十个量级，因而特别适用于研究原子，分子的细微结构及其有关参量的精密测量，以及对原子、分子间各种相互作用进行研究。近年来出现的激光射频双共振技术为原子、分子高激发态的精密测量开辟了广阔的前景。利用光泵磁共振原理在量子频标和精密测定磁场上已经开发了精密仪器，即原子频率标准（原子钟）和原子磁强计，更重要的是光泵磁共振原理为激光的发现奠定了基础。

一、实验目的

（1）掌握光抽运、磁共振、光检测的思想方法和实验技巧，研究原子超精细结构塞曼子能级间的磁共振；

（2）测定铷同位素 ^{87}Rb 和 ^{85}Rb 的 g_F 因子，测定地磁场。

二、实验仪器

光泵磁共振实验仪，射频信号发生器，数字频率计，双踪示波器，直流数字电压表。

三、实验原理

光泵磁共振是根据角动量守恒原理，用光抽运来研究原子超精细结构塞曼子能级间磁共振现象的双共振技术。由于应用了光探测方法，使得它既保存了磁共振高分辨率的优点，同时又将测量灵敏度提高了几个数量级。它对原子，分子等内部的微观结构的研究，在量子频标、弱磁场的精确测量等方面都有很大的应用价值。

1. 铷原子的超精细结构及其塞曼分裂

铷是一价碱金属原子，天然铷中含有两种同位素：^{87}Rb 和 ^{85}Rb。根据 LS 耦合产生精细结构，它们的基态是 $5^2S_{1/2}$，最低激发态是 $5^2P_{1/2}$ 和 $5^2S_{3/2}$ 的双重态。对 ^{87}Rb，$5^2P_{1/2} - 5^2S_{1/2}$ 跃迁为 D_1 线（$\lambda_1 = 7948\,\mathring{A}$）；$5^2P_{3/2} - 5^2P_{1/2}$ 为 $D2$ 线（$\lambda2 = 7800\,\mathring{A}$）。

铷原子具有核自旋 I，相应的核自旋角动量为 P_I，核磁矩为 μ_I。在弱磁场中要考虑核自旋角动量的耦合，即 P_I 和电子总角动量 P_J 耦合成总角动量 P_F，F 为总量子数：$F = I+J, \cdots, |I-J|$。对 ^{87}Rb，$I = 3/2$，因此 ^{87}Rb 的基态有两个值：$F=2$ 和 $F=1$。对 ^{85}Rb，$I = 5/2$，因此 ^{85}Rb 的基态有 $F=3$ 和 $F=2$ 两个状态。由量子数 F 标定的能级称为超精细结构能级。原子总角动量 P_F 与总磁矩 μ_F 之间的关系为

$$\mu_F = -g_F \frac{e}{2m} P_F \qquad (10.1)$$

$$g_F = g_J \frac{F(F+1)+J(J+1)-I(I+1)}{2F(F+1)} \qquad (10.2)$$

在磁场 B_0 中，原子的超精细能级产生塞曼分裂。对某一 F 值，磁量子数 $M_F = F, \cdots, -F$，即分裂为 $2F+1$ 个能量间距相等（$\Delta E = g_F \mu_B B_0$，μ_B 为玻尔磁子）的塞曼子能级，如图 10.1 所示。

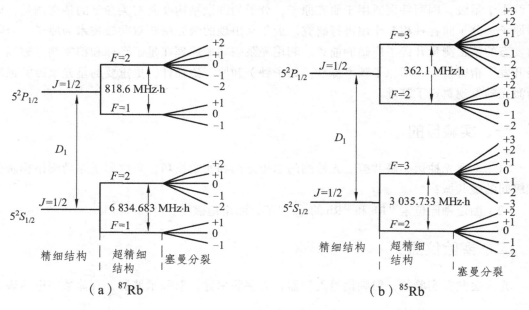

图 10.1　铷原子能级示意图

在热平衡条件下，原子在各能级的布居数遵循玻尔兹曼分布（$N = N_0 e^{-E/KT}$），由于基态各塞曼子能级的能量差极小，系统处于非偏极化状态，不利于观测塞曼子能级之间的共振现象。故可认为原子均衡地布居在基态各子能级上。

2. 圆偏振光对铷原子的激发与光抽运效应

对塞曼效应原子能级跃迁，M_F 通常的选择定则是 $M_F = 0, \pm 1$，但如用具有角动量的偏振光与原子相互作用，根据角动量守恒原理，原子吸收光子能量的同时，也吸收了它的角动量。对于左旋圆偏振的 σ^+ 光子与原子相互作用，因它具有一个角动量 $+\hbar$，原子吸收了它就增加了一个角动量 $+\hbar$ 值，则只有 $M_F = +1$ 的跃迁。

^{87}Rb 的 $5^2 S_{1/2}$ 和 $5^2 P_{1/2}$ 态的 M_F 最大值都是 $+2$，当入射光为 σ^+ 时，由于只能产生 $M_F = +1$

的跃迁，基态 $5^2S_{1/2}$ 中 $M_F = +2$ 子能级的粒子跃迁概率为 0，而粒子从 $5^2P_{1/2}$ 返回 $5^2S_{1/2}$ 的过程，由于是自发跃迁，按选择定则 $M_F = 0, \pm 1$ 布居，从而使得 $M_F = +2$ 粒子数增加（见图 10.2）。这样经过若干循环后，基态 $M_F = +2$ 子能级上粒子数大大增加，即 $M_F \neq +2$ 的较低子能级上的大量粒子被"抽运"到 $M_F = +2$ 上，造成粒子数反转，这就是光抽运效应（亦称光泵）。光抽运造成粒子非平衡分布，^{87}Rb 原子对光的吸收减弱，直至饱和不吸收。同时，每一 M_F 表示粒子在磁场中的一种取向，光抽运的结果使得所有原子由各个方向的均匀取向变成只有 $M_F = +2$ 的取向，即样品获得净磁化，这叫作"偏极化"。外加恒磁场下的光抽运就是要造成偏极化。σ^- 光有同样作用，不过它是将大量粒子抽运到 $M_F = -2$ 子能级上。当为 π 光时，由于 $\Delta M_F = 0$，则无光抽运效应，此时 ^{87}Rb 原子对光有强的吸收。

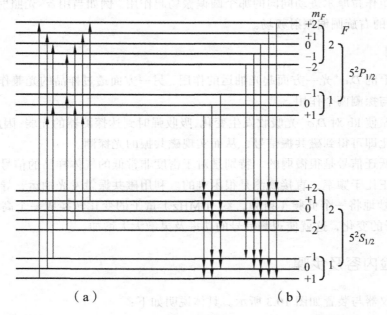

（a）吸收 D，σ^+ 光的跃迁，基态 $M_F = 2$ 粒子不能跃迁；
（b）自发辐射回到基态所有子能级，$M_F = 2$ 能级上粒子数增加。

图 10.2 ^{87}Rb 光泵过程

3. 弛豫过程

原子系统由非热平衡的偏极化状态趋向于热平衡分布状态的过程称为弛豫过程。它主要是由于铷原子与容器壁碰撞，以及原子之间的碰撞使系统返回到热平衡的玻尔兹曼分布。

系统的偏极化程度取决于光抽运和弛豫过程相互竞争的结果。为使偏极化程度高，可采用加大光强以提高光抽运效率，选择合适的温度以合理控制原子密度，充适量的惰性气体（抗磁气体），这样可以减少铷原子与容器以及与其他铷原子碰撞的概率，从而保持系统处于高度偏极化，以此来减少弛豫过程的影响。

4. 射频诱导跃迁——光泵磁共振

光抽运造成偏极化，光吸收停止。这时若加一频率为 ν_1 的右旋圆偏振射频场 B_1，并使 $h\nu_1$

等于相邻塞曼子能级差：

$$h\nu_1 = \Delta E = g_F \mu_B B_0 \tag{10.3}$$

则塞曼子能级之间将产生磁共振，使得被抽运到 $M_F = +2$ 能级的粒子产生感应诱导跃迁，从 $M_F = +2$ 依次跳到 $M_F = +1, 0, -1, -2$ 等子能级，结果使粒子趋于原来的均衡分布而破坏了偏极化。但是由于抽运光的存在，光抽运过程也随之出现。这样，感应跃迁与光抽运这两个相反的过程将达到一个新的动态平衡。

产生磁共振时除能量守恒外角动量也守恒。频率为 ν_1 的射频场 B_1 是加在垂直于恒定水平磁场方向的线偏振场，此线偏振场可分解为一右旋和一左旋圆偏振场，为满足角动量守恒，只是与原子磁矩作拉摩尔进动同向的那个圆偏振场起作用。例如当用 σ^+ 光照射时，起作用的是角动量为 $-\hbar$ 的右旋圆偏振射频场。

5. 光探测

射到样品上的 $D_1\sigma^+$ 光一方面起光抽运的作用，另一方面透过样品的光兼作探测光，即一束光起了抽运与探测两个作用。

由于磁共振使 Rb 对 $D_1\sigma^+$ 光吸收发生变化，吸收强时到达探测器的光弱，因此通过测 $D_1\sigma^+$ 透射光强的变化即可得到磁共振信号，从而实现磁共振的光探测。

磁共振的跃迁信号是很微弱的，特别是对于密度非常低的气体样品的信号就更加微弱，由于探测功率正比于频率，直接观测是很困难的。利用磁共振触发光抽运，导致了探测光强的变化，就巧妙地将一个低频（射频，约 1 MHz）量子的变化转换成一个高频（光频，约 10^8 MHz）量子的变化，这就使观测信号的功率及灵敏大大增加。

四、实验内容及步骤

全部实验仪器与装置如图 10.3 所示。具体说明如下：

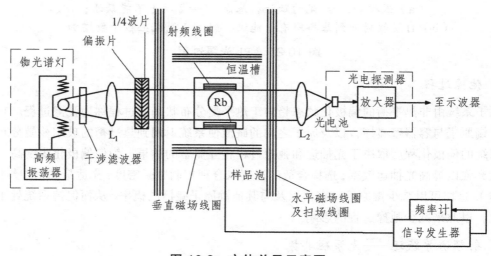

图 10.3　主体单元示意图

94

光泵磁共振实验仪由主体单元和辅助源两部分组成。主体单元是该实验的核心部分，它由三部分组成：$D_1\sigma^+$抽运光源、吸收室区和光电探测器。

　　$D_1\sigma^+$抽运光源包括铷光谱灯、干涉滤色片、偏振片、1/4波片和透镜组成。铷光谱灯是一种高频无极气体放电泡，处于高频振荡回路的电感线圈中，受高频电磁场的激励而发光。干涉滤色片能很好地滤去 D_2 光（它不利于 D_1 光的光抽运）而只让 D_1 光通过，偏振片和1/4波片将该光输出左旋圆偏振的 $D_1\sigma^+$ 光（或右旋圆偏振的 $D_1\sigma^-$ 光）。

　　吸收室区的中心是充以天然铷和惰性缓冲气体的玻璃吸收泡。该泡两侧对称放置一对与水平场正交的射频线圈，为铷原子系统的磁共振提供射频场，射频场源由射频信号发生器提供，其信号频率由数字频率计显示。吸收泡和射频线圈都置于恒温槽内（称它们为吸收池），槽内温度从 40 ℃ 到 70 ℃ 连续可调。吸收池放在两对相互垂直的亥姆霍兹线圈的中心。较小的一对线圈产生的磁场用于抵消地磁场的垂直分量；较大的一对线圈有两个绕组，一组为水平直流磁场线圈，为铷原子提供使超精细能级产生塞曼分裂的直流磁场 B_0，另一组为扫场线圈，它在水平直流磁场上叠加一个调制磁场，其扫场波形由双踪示波器的一踪显示。光电探测器是硅光电池，它接收透过吸收泡的 $D_1\sigma^+$ 光，转换成电信号，放大滤波后送到双踪示波器另一踪显示。铷光谱灯、恒温槽、各线圈绕组以及光电探测器的电源均由辅助源提供，其中水平线圈和垂直线圈的电压由直流数字电压表读出。

　　实验操作步骤如下：

1. 仪器调节

　　（1）通电之前，将主体单元的各光学元件调成等高共轴，将吸收池为中心，调节其他器件与之等高共轴。

　　（2）用指南针确定地磁场方向，主体装置的光轴调节至与地磁场水平方向相平行。

　　（3）根据指南针偏转情况，确定水平场线圈，竖直场线圈所产生的磁场的方向。

　　（4）检查各连线是否正确，并将"垂直""水平""幅度"旋钮调至最小，按下池温开关。

　　（5）接通电源，揿进预热键，加热样品吸收泡约 50 ℃ 并控温，同时也加热铷灯约 90 ℃ 并控温，约需 30 min 温度稳定，揿进工作键，此时铷灯应发出玫瑰紫色光。

　　（6）将光源、透镜、吸收池、光电探测器等的位置调到准直，调节前后透镜的位置使到达光电池的光量最大。

　　（7）调整双踪示波器，调节光轴与偏振片偏振方向的夹角 $\pi/4$ 或 $3\pi/4$ 时，获得圆偏振光，使一通道观察扫场电压波形，另一通道观察光电探测器的信号。

2. 观测光抽运信号

　　（1）先用指南针判断扫场、水平场、垂直场相对于地磁场的方向。当判断某一场时应将另两个场置于零，判断水平场和垂直场时，应记下数字电压表对应电压的符号。

　　（2）关闭射频振荡器，扫场选择"方波"。

　　（3）根据指南针偏转情况，调节扫场的大小和方向，使扫场方向与地磁场的水平分量方向相反，特别是地磁场的垂直分量对光抽运信号有很大影响，因此要使垂直恒定磁场的方向与其相反并抵消。

（4）与此同时旋转 1/4 波片，可获得最佳光抽运信号（图 10.4）。扫场是一交流调制场。当它过零并反向时，分裂的塞曼子能级将发生简并及再分，当能级简并时，铷原子的碰撞使之失去偏极化，当能级再分裂后，各塞曼子能级上的粒子布居数又近于相等，因此光抽运信号将再次出现。扫场的作用就是要反复出现光抽运信号。当地磁场的垂直分量被垂直场抵消时将出现最佳光抽运信号，故此时也就测出地磁场垂直分量的大小。

图 10.4　光抽运信号

3. 测量基态的 g_F 值

由磁共振表达式得

$$g_F = \frac{h\nu}{\mu_B B} = \frac{h(\nu_1 + \nu_2)}{2\mu_B B_{DC}} \tag{10.4}$$

ν 可由频率计给出，因此如知 B 便可求出 g_F。此处 B 是使原子塞曼分裂的总磁场，它包括除了可以测知的水平场外还包括地磁水平分量和扫场直流分量。实验采用将水平场换向的方法来消除地磁水平分量和扫场直流分量。

（1）先将水平场和扫场与地磁场水平方向相同，扫场为三角波，水平场电压调到一定值。调节射频信号频率，发生磁共振时将观察到图 10.5（a）波形，此时频率为 ν_1（对应于总场为 B）。

（2）再改变水平场方向，仍用上述方法得到频率 ν_2（对应于总场为 B_2），如图 10.5（b）所示。这样就排除了地磁场水平分量和扫场直流分量的影响。而水平场对应的频率为 $\nu = (\nu_1 + \nu_2)/2$，水平磁场的数值可由水平电压和水平亥姆霍兹线圈的参数来确定。

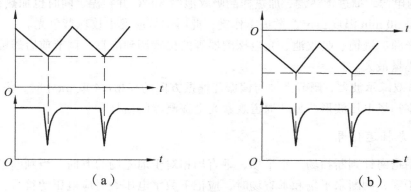

|（a）|（b）|

图 10.5　测量 g_F 因子原理图

由于 ^{87}Rb 与 ^{85}Rb 的 g_F 值不同，根据对 ^{87}Rb 的 $\nu/H = 7\,000$ MHz/T，对 ^{85}Rb 的 $\nu/H = 4\,700$ MHz/T 可知：当水平场不变时，频率高的为 ^{87}Rb 共振信号，频率低的为 ^{85}Rb 共振信号；当射频不变时，水平磁场大的为 ^{85}Rb 共振信号，水平磁场小的为 ^{87}Rb 共振信号。还

要注意的是，因为三角波扫场的波峰和波谷处的磁场强度不同，故对每一同位素将分别在波峰和波谷处观察到不同频率的磁共振信号。上述实验是固定水平磁场调节射频频率的方法（调频法），还可以采用固定射频频率调节水平磁场的方法（调场法）进行。

4. 测量地磁场

（1）同测 g_F 方法类似，先使扫场、水平场与地磁场水平分量方向相同测得 ν_1。

（2）然后同时改变扫场和水平场的方向使得两者方向与地磁场水平分量相反，又测得 ν_3。

（3）由于垂直磁场正好抵消地磁场的垂直分量，从垂直场电流及垂直亥姆霍兹线圈参数，可以确定地磁场垂直分量的数值。

（4）这样得到地磁场水平分量对应的频率为 $\nu = (\nu_1 + \nu_2)/2$，即排除了扫场和水平场的影响，从而得到 $B_{地水平} = \dfrac{h\nu}{\mu_B g_F}$，而 $B_{地垂直}$ 已在实现最佳光抽运信号时测知，由此可得地磁场的大小和方向

$$B_{地} = \sqrt{B_{地水平}^2 + B_{地垂直}^2} \tag{10.5}$$

$$\tan\theta = \frac{B_{地垂直}}{B_{地水平}} \tag{10.6}$$

改变入射光的强度、射频场的强度、吸收泡的温度，测量信号幅度及线宽的变化，并给予解释。

五、注意事项

（1）本实验是在弱磁场中进行的，为保证测量的准确性，主体单元一定要远离其他带有电磁性物体、强电磁场及大功率电源线。磁场方向判断过后，务必取出指南针。

（2）为避免外界杂散光进入探测器，主体单元应罩上黑布。

（3）在精测量时，为避免吸收池加热丝所产生的剩余磁场影响，可短时间关掉吸收池加温电流。

（4）亥姆霍兹线圈轴中心处磁场的运算公式为

$$B = \frac{16\pi}{5^{3/2}} \cdot \frac{N}{r} \cdot I \times 10^{-7}$$

式中　N——线圈每边匝数；

　　　r——线圈有效半径（m）；

　　　I——场直流电流（A）。

其中各线圈的 N，r 等参数实验室已给出，I 由数字电流表读出。

六、思考题

（1）图 10.1 中 ^{87}Rb 的基态塞曼分裂 $F = 2$ 与 $F = 1$ 的排列相反，是何原因？

（2）测量 g_F 值时，将水平场换向得到的频率为 $\nu = (\nu_1 + \nu_2)/2$，为什么不是 $\nu = (\nu_1 - \nu_2)/2$？

（3）为什么实验要在抵消地磁场垂直分量状态下进行？扫场起何作用？

（4）如果射频信号频率是塞曼子能级的两倍，能否产生由 $F=2$ 到 $M_F=0$ 的磁共振？为什么？

（5）观测光磁共振信号时，三角波磁场的幅度大一些好还是小一些？

（6）如何判断照射到样品泡上的入射光最接近圆偏光？

七、补充内容（表10.1）

表 10.1　亥姆霍兹线圈的参数

	水平场线圈	扫场线圈	垂直场线圈
线圈匝数	250	250	100
有效半径	0.241 3 m	0.242 0 m	0.153 0 m

实验十一　法拉第效应实验

　　法拉第效应：当线偏振光沿着磁场方向透过磁场中的磁性物质时，透过光仍为线偏振光，但由于磁场中的磁性物质对左、右圆偏振的折射率不同，使透射线偏振光的偏方向旋转。这个现象是 1845 年由英国科学家法拉第发现的，故称为法拉第效应。如图 11.1 所示。

　　法拉第效应的旋光性与旋光物质的旋光性有明显的差别。线偏振光通过旋光物质，光的偏振方向旋转角度 α_F，这光被反射而沿相反方向第二次通过同一旋光物质后，又恢复到第一次通过旋光物质之前的偏振方向；若线偏振光通过磁场中的磁性物质，由于法拉第效应，偏转方向也旋转角度 α_F，当这光被反射再沿相反方向第二次通过同一物质后，与第一次通过之前相比，则偏振方向转过角度 $2\alpha_F$。

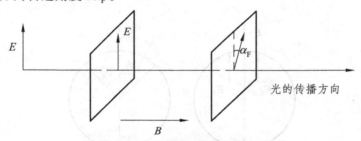

图 11.1　法拉第效应的图示

　　法拉第效应有许多重要的应用，尤其在激光技术发展后，其应用价值越来越受到重视。如用于光纤通信中的磁光隔离器，是应用法拉第效应中偏振面的旋转只取决于磁场方向，而与光的传播方向无关，这样使光沿规定方向通过，同时阻挡了反方向传播的光。这使其在激光多级放大技术和高分辨激光光谱技术中都是不可缺少的器件。如根据结构不同的碳氢化合物其法拉第效应的表现不同来分析碳氢化合物；在半导体物理研究中，它还可以用来测量载流子的有效质量和提供能带结构的知识；在电工技术测量中，它还被用来测量电路中的电流和磁场；近年来，在光学信息处理、光纤通信、光缆电视系统、计算机技术、工业国防、宇航和医学等许多领域法拉第效应有较为广泛的应用。未来在光计算，光雷达等尖端技术领域也将有所应用。

一、实验目的

　　（1）通过本实验了解法拉第效应原理，掌握法拉第旋光角的测量方法。
　　（2）观察并理解法拉第磁光现象，研究偏转角度与磁感应强度以及光波长之间的关系，深层次理解光的电磁波特性。

二、实验仪器

12 V/100 W 卤素灯、法拉第效应实验仪、起偏器、电磁铁、测角仪、电源、数显表。

三、实验原理

1. 法拉第效应的旋光角

一束平面偏振光可以分解为两个同频率等振幅的左旋和右旋圆偏振光（图11.2）。设线偏振光的电矢量的 E，角频率为 ω，可以把 E 看作左旋圆偏振光 E_L 和右旋圆偏振光 E_R 之和，通过磁场中的磁性物质（以下简称为介质）时，E_L 的传播速度为 v_L，E_R 的传播速度为 v_R。通过长度 D 的介质后，E_L 与 E_R 之间产生相位差

$$\theta = \omega\left(t_R - t_L\right) = \omega\left(\frac{D}{v_R} - \frac{D}{v_L}\right) = \frac{\omega D}{c}\left(n_R - n_L\right) \tag{11.1}$$

式中，t_R、n_R 为 E_R 光通过介质的时间和折射率，t_L、n_L 为 E_L 光通过介质的时间和折射率，c 为真空中的速度。

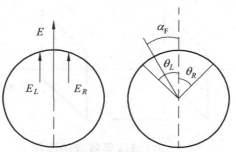

图 11.2　旋光的图示

出射介质的线偏振光相对于入射介质前的线偏振光转过一个角度

$$\alpha_F = \theta/2 = \frac{\omega D}{2c}\left(n_R - n_L\right) \tag{11.2}$$

式中，α_F 即为法拉第效应的旋光角。

2. 法拉第效应旋光角的计算

由量子理论可知，介质原子的轨道电子具有磁矩 $\mu = -\dfrac{e}{2m}L$，式中，e、m 为电子电荷和质量。L 为电子轨道角动量。在磁场 B 的作用下，电子磁矩具有势能：$\psi = -\mu \cdot B = \dfrac{e}{2m}L \cdot B = \dfrac{eB}{2m}L_B$，式中，$L_B$ 为 L 在磁场方向的分量。

在磁场的作用下，当左旋圆偏振光通过样品时，光把电子从基态激发到较高能级，跃迁时轨道电子吸收光的角动量 $\hbar$，电子的能级结构不变，只是位能增加了

$$\Delta\psi_L = \frac{eB}{2m}\Delta L_B = \frac{eB}{2m}\hbar \tag{11.3}$$

可以认为，用能量为 $\hbar\omega$ 的左旋圆偏振光子激发电子，电子在磁场中的能级结构与用能量为 $(\hbar\omega-\Delta\psi_L)$ 的光子激发电子，电子在没有磁场时的能级结构相同，即

$$n_L(\hbar\omega)=n(\hbar\omega-\Delta v_L) \tag{11.4}$$

或写作

$$n_L(\omega)=n\left(\omega-\frac{\Delta v_L}{\hbar}\right)\approx n(\omega)-\frac{dn}{d\omega}\frac{eB}{2m} \tag{11.5}$$

对于右旋圆偏振光，类似的推导可得

$$\Delta\psi_R=-\left(\frac{eB}{2m}\right)\hbar \qquad n_R(\omega)\approx n(\omega)+\frac{dn}{d\omega}\frac{eB}{2m} \tag{11.6}$$

则

$$n_R(\omega)-n_L(\omega)=\frac{eB}{m}\frac{dn}{d\omega} \tag{11.7}$$

将式（11.7）代入式（11.1），得

$$\alpha_F=\frac{DeB}{2mc}\omega\frac{dn}{d\omega}=\left(-\frac{e}{2mc}\right)\lambda\frac{dn}{d\lambda}DB=V_{(\lambda)}DB \tag{11.8}$$

式中，$V_{(\lambda)}=-\dfrac{e}{2mc}\omega\dfrac{dn}{d\omega}$ 称为费尔德常数，它反映了介质材料的一方面特性。式（11.8）适用于国际单位制，B 的单位是 T（特斯拉），$1\ T=1\ Wb/m^2=10^4\ G$（高斯）。式（11.8）就是计算法拉第效应旋光角的公式，它表示旋光角与磁场强度及介质长度成正比，且与入射光波长及介质的色散有关。

四、实验内容及步骤

1. 仪器结构

1）光源系统

光源产生复合光束，通过单色仪可获得波长 3 600 ~ 8 000 Å 的单色光。单色光经过偏振片变成线偏振光。

2）磁场和样品介质

直流电磁铁采用 DT4 电工纯铁做成磁路，磁极柱直径 $\Phi 40\ mm$，磁路中有 $\Phi 60\ mm$ 通光孔。因此，能保证入射光的光轴方向与磁场 B 的方向一致。磁极间隙为 11 mm。激磁电流 4 A 时，磁场强度可达 8 200 G。样品介质是 $2F_6$ 重火石玻璃，加工成正三棱柱形状，厚度为 D（1 cm），样品放在电磁铁两极中间。

3）旋光角的检测系统

该系统是用以测出旋光角。光电倍增管（GDB404）用来接收旋光信号，反映到数显表上，则是监测透光最大和最小，而旋光角则由角度数显表直接读出。

4）WDX 型小单色仪

（1）技术指标。

工作波段：0.35 ~ 2.5 μm。

分辨率：$R = \dfrac{\lambda}{\Delta\lambda} = 982$，可分开钠 D 双线（0.6 mm）。

狭缝工作特性：固定狭缝，高 10 mm，宽 0.08 mm；可变狭缝，高 10 mm、宽 0~3 mm；鼓轮格值 0.01 mm。

物镜：焦距 $f = 329$ mm；相对孔径 $d/f = 1/6$。

（2）结构原理。

仪器结构如图 11.3 所示。

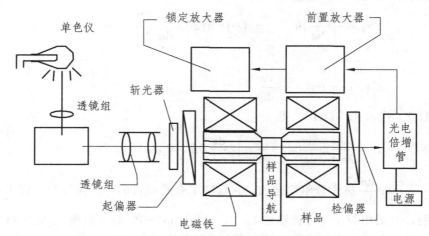

图 11.3　法拉第效应测试仪结构图

从照明系统发出的复合光束，照射到位于物镜 L 焦点的入射狭缝 F，经物镜形成平行光束射入色散棱镜 P，通过棱镜背面反射又从入射面射出。如入射光为复色光，光束被色散棱镜分解成不同折射角的单色平行光。又经过物镜聚集，由小反镜 M 反射到出射狭缝 F′ 处，F′ 限制谱线的宽窄，从而获得单色光束。旋转棱镜，在 F′ 处可获得不同波长的单色光束，如果光束从 F′ 进入系统，则在 F 处可引出单色光束。

2. 实验操作

（1）接通电源，预热 5 min，开始实验。

① 首先将检偏器手柄（标记为红点）与连接座的标记（为红点）及电磁铁一端的标记（为红点）三点调成一直线。

② 灵敏度旋钮，顺时针为增加，逆时针为减少，灵敏度的高低，直接反映在数显表的数字（光强）跳动的快慢。注意同一波长情况下，一经调定，在整个测量过程中即不应再动此旋钮。

③ 把检偏测角的手轮（以下简称手轮）顺时针旋转到头后，再逆时针旋转两周后，按一下清零按钮，测角仪示值为零，微动调零手钮，使数显表的示值为零，即可进行测量，在测量前，验证一下测角仪的零位正确与否，可通过加磁场来检验，把稳流电源接至电磁铁，将电流值分别从 1 A、2 A、…直到 5 A，观察其数显表的示值应成线性增加，这说明测角仪的零位在此。微动调零手钮使数显表的示值为零。

（2）法拉第效应角。

① 首先增加电流 1 A，电流逐渐增加，数显表的示值也同步增加，观察数显表示值从 0 增加到二位数左右。

② 再旋转手轮，使测角仪的示值从 0 度增加到若干度数，使其中数显表的示值从二位数逐渐变化到 0。

③ 将 1 A 的电流关闭，观察其数显表的示值从零增加到二位数，这时测角仪的示值为法拉第效应角。

④ 旋转手轮，观察数显表的示值为零时，则测角仪的示值为重复性误差（电流从 1 A、2 A 增至 5 A 为止），在不同磁场强度下测量三次，取其平均数。

⑤ 注意每次往返测量应在短时间内完成，以免因电路零点漂移引起误差。

（3）定波长 λ，测磁场和旋光角的关系曲线，方法同上，每次改变磁场测出旋光角。

（4）定磁场强度 B，测旋光角和波长的关系曲线，其方法步骤同上。

五、注意事项

（1）先把磁场调零，光电倍增管的负电压调至绝对值小于 300 V，然后再开电源、关电源以及换样品。

（2）磁场处于最大值（600 mT）的时间不能太长，否则仪器发热容易损坏。

（3）尽量沿一个方向缓慢转动波长调节旋钮、检偏调节旋钮。

六、思考题

（1）利用法拉第效应特性，可以做成一个装置，安在门窗上，由室内可看到室外景物，而由室外却完全看不到室内物体，试设计一个实验方案。

（2）材料的法拉第效应大小与哪些因素有关？

（3）有些材料除了有法拉第旋光效应以外，还有自然旋光，双折射现象，会影响本实验测量精度。用什么方法可以消除这些因素的影响？

实验十二　全息照相实验

1948 年盖伯（D. Gabor）为了提高电子显微镜的分辨率，提出了一种无透镜的两步光学成像法进行拍摄和再现，即为全息照相技术。由于当时缺乏足够强的相干光源而未能实现，直至 20世纪 60 年代初激光器问世之后才得以真正实现，盖伯也因此获得了 1971 年诺贝尔物理学奖。

全息照相的基本原理是以波的干涉和衍射为基础，是一种能够记录波的全部信息的新技术，它完全不同于普通的照相成像技术，因此，它适用于红外、微波、X 光以及声波和超声波等一切波动过程。现在，全息技术已发展成为科学技术上一个崭新的领域，在精密计量、无损检测、信息存储和处理、遥感技术及生物医学等方面获得了广泛的应用。

一、实验目的

（1）了解全息照相的基本原理及主要特点。
（2）学习拍摄静态全息照片的有关技术和再现观察的方法。

二、实验仪器

He-Ne 激光器，全息照相实验台，显影液，定影液，冲洗仪器和材料。

三、实验原理

全息照相包括两个内容：波前记录和波前再现。波前记录是指由物体反射（或透视）的光（物光）与另一参考光相干涉，用感光底片将干涉条纹记录下来，形成全息图的过程；波前再现是指用一束与参考光相似的光照射全息图，光通过全息图产生衍射现象，衍射光波呈现出物体的再现像过程。

1. 波前记录（全息照片的获得）

由光的波动理论知道，光波是一种电磁波。一束沿 x 方向传播的单色平行光束，可表示为

$$E = A\cos\left(\omega t + \varphi - \frac{2\pi x}{\lambda}\right) \tag{12.1}$$

式中，A 为振幅，φ 为波源的初相值，λ 为波长。振幅表示光波的强弱，相位表示光波在传播中的各点所在位置和振动方向，它们反映了光的全部信息。任何一定频率的光波都包括着振幅（A）和相位 $\left(\omega t + \varphi - \dfrac{2\pi x}{\lambda}\right)$ 两大信息。

拍摄全息照片的光路如图 12.1 所示。激光束通过分束镜 I 分成两束，其中一束光经反射镜 M_1 反射，由扩束镜 L_1 将光束扩大后均匀地照射到被摄物体 D 上，经物体表面反射 后再照射到感光底片（实验中用全息感光胶片）H 上，一般称这束光为物光；另一束光经反射镜 M_2 反射、L_2 束后，直接均匀地照射到 H 上，一般称这束光为参考光。由于激光具有高度的相干性，这两束光在胶片 H 上叠加干涉，出现了许多明暗不同的花纹、小环和斑点等干涉图样，被胶片 H 记录下来，再经过显影、定影等处理，成了一张有干涉条文的"全息照片"（或称全息图）。干涉图样的形状反映了物光与参考光间的相位关系，干涉条纹明暗对比程度（称为反差）反映了光的强度关系，干涉条纹的疏密则反映了物光和参考光的夹角。光束越强，明暗变化越显著，反差越大。因这种照片可以把物光的全部信号都记录下来，故称为全息照相。

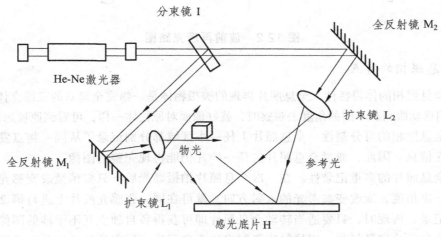

图 12.1 全息照相光路图

2. 波前再现（物体形象的再现）

如果要想从全息照相的"照片"上看原来物体的像，直接观察"照片"是看不到的，而只能看到复杂的干涉的图纹。如果看到原来物体的像，则必须使"照片"能再现原来的物体发出的光波。这个过程就被称为全息照片的再现过程，所利用的是光栅衍射原理。

光路如图 12.2 所示，一束从特定方向或原来参考方向相同的激光的束照明全息照片。对于这束再现光，全息照片相当于一个反差不同、间距不等、弯弯曲曲、透过率不均匀的复杂光栅，它使再现光发生衍射。当我们沿衍射方向透过"照片"朝原来被摄物的方位观察时，就可以看到一个完全逼真的三维立体图像。按光栅衍射原理，再现光被衍射后在照片后面出现衍射光波。

（1）0 级衍射光：入射再现光波的衰减。

（2）+1 级衍射光：发散光，将形成一个虚像。如果此光波被观察者的眼睛接受，就等于接受了被摄物发出的光波，因而能看到原物体的再现象。

（3）−1 级衍射光：会聚光，将在与原物点对称的位置上，形成物体的再现虚像的共轭实像。

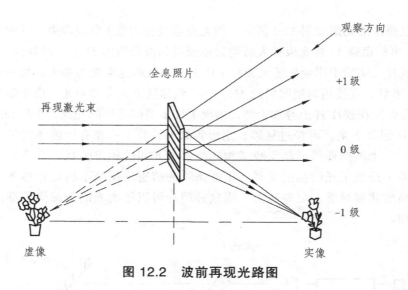

图 12.2　波前再现光路图

3．全息照相的特点

（1）全息照相的体视特性。全息照片再现的被摄物体是一幅完全逼真的三维立体图像，因此，当我们移动眼睛从不同的角度去观察时，就好像面对原物体一样，可看到原被遮住的侧面。

（2）全息照相的可分割性。全息照片上任一小区域都分别记录了从同一物点发出的不同倾角的物光信息。因此，通过全息照片的任一碎片仍能再现完整的图像。

（3）全息照片的多重记录性。在一次全息照片拍摄曝光后，只要稍微改变感光胶片的方向如转过一定角度，或改变参考光的入射方向，就可在同一张感光胶片上进行第2次，第3次的重叠记录。再现时，只要适当转动全息照片即可获得各自独立互不干涉的图像。

（4）全息照片容易复制。用接触法复制出的全息照片，原来透明的部分变成不透明的，原来不透明的部分变成透明的，而再现出来的像仍和原来照片的像完全一样。

4．拍摄系统的技术要求

为了拍摄合乎要求的全息照片，对拍摄系统有一定的技术要求。

（1）对于全息照相的光学系统要求有特别高的机械稳定性。如果物光和参考光的光程稍有不规则的变化，就会使干涉图像模糊不清。例如，平面振动而引起工作台面的振动，光学元件及物体夹得不牢固而引起的抖动，强烈声波振动而引起空气密度的变化等，都会引起干涉条纹的不规则漂移而使图像模糊。因此，拍摄系统必须安装在具有防震装置的平台上，系统中光学元件和各种支架都要用磁钢牢固地吸在钢板上。在曝光过程中，不要走动，不要高声说话，以保证干涉条纹无漂移。

（2）有好的相干光源。一般实验中常采用 He-Ne 激光器作为光源，它输出的激光束的波长为 632.8 nm，若谱线宽度为 0.002 nm，则相干长度为 20 cm，能获得较好的全息图像。同时物光和参考光的光程差要符合相干条件，一般控制在几厘米以内。

（3）物光和参考光的光强比较合适。一般以 1：4 到 1：10 为宜，两者间夹角小于 45°，因为夹角越的，干涉条纹越密，对感光材料分辨率的要求也越高。另外，选用光学元件数越少越好，可减少光损失及干扰。

106

四、实验内容及步骤

1. 拍摄静物的全息照片

（1）调整光路。按图 12.1 所示光路布置光学元件，使物光与参考光夹角为 30°，分束器为透过率 90% 的平板，以满足参考光，物光的光强要求。具体调节如下：

① 调节光学元件的螺钉，使之基本同高。调节扩束镜 L_1 的位置，使扩束后的光均匀照亮被摄物体，但光斑不能太大，以免浪费能量。在底片夹上放一张白纸，调节底片夹的位置，使白纸上出现物体漫反射的最强光。挡住物光，调节全反射镜 M_2，使参考光与物光中心反射到底片的光间的夹角为 30°，并经扩束镜 L_2 后，最强的光均匀地照亮底片夹上的白纸。

② 调整光程差 Δ 使之等于零或近似为零，调节参考光的全反射镜 M_2，尽量使物光与参考光等光程。即从分束器量起，使物光光程（分束镜 → M_1 → L_1 → 物体 → 感光底板）等于参考光程（分束镜 → M_2 → L_2 → 底片板）。

（2）曝光。调好光路后，打开曝光定时器，选择预定曝光时间，一般用 $1 \sim 2$ mW 的激光管。定 $10 \sim 20$ s 的曝光时间，将曝光定时器遮光，在全黑条件下，取下底片夹白纸，装上干板（药面朝向被摄物体）。让环境稳定 $2 \sim 3$ min 后，打开曝光定时器进行曝光（注意：此时切勿走动或高声谈话等）。

（3）冲洗干板。将已曝光的干板取下（切忌用手指触摸底片之间位置），在全黑条件下，在显影液中显影，待显至需要的时间，一般约为 5 min（在暗绿色安全灯下观看，底片曝光部分呈现斑纹即可），取出干板，经水洗，定影（约为 5 min），再水洗，即可得到所需的漫反射全息照片。

2. 观察全息照片的再现物像

将光路中的被摄物移去，把拍好的全息照片放在底片架上，遮住全反射镜 M_1，只让参考光照射全息照片，此时朝原被摄物的方向看，就可看到物的虚像。观察虚像后，将全息片绕铅直轴转 180° 仍放在支架上，这时照明光束从全息图的背面照射，在全息图的前方用一白纸屏可看到物体的再现实像。

五、注意事项

（1）勿用手、手帕、纸巾等擦拭光学元件。
（2）曝光时切勿触及全息台，不要随意走动，防止实验室内有过大的气流流动。
（3）不能用眼睛直视未扩束的激光束，手切勿碰触激光管高压端。
（4）全息底板是玻璃片基，注意轻放，以免弄碎。

六、思考题

（1）全息照相与普通照相相比有哪些不同？全息照相有哪些特点？
（2）为什么要求光路中物光与参考光的光程尽量相等？
（3）如何判断所观察到的再现像是虚像还是实像？

实验十三　激光拉曼光谱实验

　　早在 1928 年，印度物理学家拉曼（C. V. Raman）和克利希南（K. S. Krisman）实验发现，当光穿过液体苯时被分子散射的光发生频率变化，这种现象称为拉曼散射。

　　目前我们知道的是，光照射介质时，除被介质吸收、反射和透射外，总有一部分被散射。散射光按频率可分成三类：第一类，散射光的频率与入射光的频率基本相同，频率变化小于 3×10^5 Hz，或者说波数变化小于 10^{-5} cm^{-1}，这类散射通常称为瑞利（Rayleigh）散射；第二类，散射光频率与入射光频率有较大差别，频率变化大于 3×10^{10} Hz，或者说波数变化大于 1 cm^{-1}，这类散射就是所谓拉曼（Raman）散射；散射光频率与入射光频率差介于上述二者之间的散射被称为布里渊（Brillouin）散射。从散射光的强度看，瑞利散射的强度最大，一般都在入射光强的 10^{-3} 左右，常规拉曼散射的强度是最弱的，一般小于入射光强的 10^{-6}。由于拉曼散射强度正比于入射光的强度，并且在产生拉曼散射的同时，又必然存在强度大于拉曼散射至少一千倍的瑞利散射。因此，在设计或组装拉曼光谱仪和进行拉曼光谱实验时，必须同时考虑尽可能增强入射光的光强和最大限度地收集散射光，又要尽量地抑制和消除主要来自瑞利散射的背景杂散光，提高仪器的信噪比。

一、实验目的

（1）了解掌握拉曼散射原理。
（2）掌握激光拉曼光谱分析的实验技术。
（3）了解拉曼光谱的谱带指认。
（4）测量 CCL$_4$ 分子的拉曼散射光谱。

二、实验仪器

LRS-Ⅲ激光拉曼/荧光光谱仪，计算机，四氯化碳溶液。

三、实验原理

1. 经典理论

　　对于振幅矢量为 $\overrightarrow{E_0}$，角频率为 ω_0 的入射光，分子受到该入射光电场作用时，将感应产生电偶极矩 $\overrightarrow{P}$，一级近似下 $\overrightarrow{p}=\overleftrightarrow{A}\overrightarrow{E}$。$\overleftrightarrow{A}$ 是一个二阶张量（两个箭头表示张量），称为极化率张量，是简正坐标的函数。对于不同频率的简正坐标，分子的极化率将发生不同的变化，光

的拉曼散射就是由于分子的极化率的变化引起的。根据泰勒定理将 A 在平衡位置展开，可得

$$\vec{p} = \overrightarrow{A_0} \vec{E}_0 \cos\omega_0 t + \frac{1}{2}\sum_{k=1}^{3N-6}\left(\frac{\partial\vec{A}}{\partial q_k}\right)_0 Q_K \cos\left[(\omega_0 \pm \omega_k)t \pm \varphi_k\right]\vec{E}_0 +$$

$$\frac{1}{2}\sum_{k,l}\left(\frac{\partial^2\vec{A}}{\partial q_k \partial q_l}\right)Q_k Q_l\{\cdots\}\vec{E}_0 + \cdots \tag{13.1}$$

由式（13.1）可以发现，$\overrightarrow{A_0}\vec{E}_0\cos\omega_0 t$ 表明将产生与入射光频率 ω_0 相同的散射光，称之为瑞利散射光。$\cos\left[(\omega_0 \pm \omega_k)t \pm \varphi_k\right]$ 表明，散射光中还存在频率与入射光不同，大小为 $\omega_0 \pm \omega_k$ 的光辐射，即拉曼散射光。且拉曼散射光一共可以有对称的 $3N-6$（原子振动自由度）种频率，但产生与否取决于极化率张量各分量对简正坐标的偏微商是否全为零。

2. 量子理论

当入射光量子被分子弹射时，它的能量并不改变，因此，光量子的频率并不改变，此为瑞利散射，而在非弹性散射中，它或者放出一部分能量给予分子，或者吸收一部分能量，放出或吸收的能量只能是分子两定态间的差值。那么设 E_m 和 E_n 分别为初态和终态的能量，ν_0 和 ν' 分别为入射光和散射光的频率，于是有

$$h\nu' = h\nu_0 + (E_m - E_n) \tag{13.2}$$

当 $E_m > E_n$，则 $\nu' = \nu_0 - \nu_{nm}$，此为斯托克斯线，ν_{nm} 为波尔频率。

当 $E_m < E_n$，则 $\nu' = \nu_0 + \nu_{nm}$，此为反斯托克斯线。

最简单的拉曼光谱如图 13.1 所示，在光谱图中有三种线，中央的是瑞利散射线，频率为 ν_0，强度最强；低频一侧的是斯托克斯线，与瑞利线的频差为 $\Delta\nu$，强度比瑞利线的强度弱很多，高频的一侧是反斯托克斯线，与瑞利斯托克斯线的频差亦为 $\Delta\nu$，和斯托克斯线对称地分布在瑞利线两侧，强度比斯托克斯线的强度又要弱很多，因此并不容易观察到反斯托克斯线的出现，但反斯托克斯线的强度随着温度的升高而迅速增大。斯托克斯线和反斯托克斯

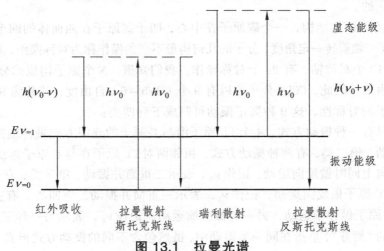

图 13.1 拉曼光谱

线通常称为拉曼线，其频率常表示为 $\nu_0 \pm \Delta \nu$，$\Delta \nu$ 称为拉曼频移，这种频移和激发线的频率无关，以任何频率激发这种物质，拉曼线均能伴随出现，因此从拉曼频移，我们又可以鉴别拉曼散射所包含的物质。

虚线表示的是高于初始态的对应与入射光量子的虚能级，并不是分子的一个实际能级。拉曼散射的谱线强度正比于初始状态中的分子数，对应于斯托克斯线的初始态，n 是基态，而对应于反斯托克斯线的初始态 n 为一激发态，所以反斯托克斯线的强度比斯托克斯线强度弱。

散射电偶极矩的矩阵元为

$$\langle n \mid p \mid m \rangle = \int \psi_n^* p \psi_m \mathrm{d}\tau \tag{13.3}$$

式中，ψ_n^*，ψ_m 分别为初态和终态的波函数。

将 $p = \alpha \cdot E$ 代入式子，得

$$\langle n \mid p \mid m \rangle = \int \psi_n^* \alpha \mid E \mid \psi_m \mathrm{d}\tau \tag{13.4}$$

式中，ψ_n^*，ψ_m，p 分别有时间因子 $\exp\left(\dfrac{2\pi i E_n t}{h}\right)$，$\exp\left(\dfrac{2\pi i E_m t}{h}\right)$，$\exp(2\pi i v_0 t)$，$\langle n \mid p \mid m \rangle$ 随频率 $\nu_0 + (E_n - E_m)/h$ 变化，即散射光量子具有这种频率。

当 $n = m$ 时，散射光频率与入射光频率相同为 ν_0，散射光振幅与 $\langle n \mid p \mid m \rangle = \mid E \mid \int \psi_n^* \alpha \psi_m \mathrm{d}\tau$ 成正比例。若积分不为零，则入射光作用下，由 n 态到 m 态的散射跃迁可以产生。

如果分子的极化率 α 为一常数，不随分子的振动或转动而变化，除 $n = m$ 外（由正交归一性），积分式为零，也就是说极化率为常数时，只有瑞利散射而没有拉曼散射出现，所以分子振动或转动时，极化率发生变化是产生拉曼散射的必备条件。

3. CCL₄ 分子的振动拉曼光谱

原则上所有的双原子分子都能产生振动拉曼光谱。这是因为分子沿分子轴振动时，极化率总是发生变化的。

CCL4 分子为四面体结构，一个碳原子在中心，四个氯原子在四面体的四个顶点，当四面体绕其自身的某一轴旋转一定角度，分子的几何构形不变的操作称为对称操作，其旋转轴称为对称轴。CCL4 有 13 个对称轴，有 24 个对称操作，我们知道，N 个原子构成的分子有（$3N-6$）个内部振动自由度。因此，CCL4 分子可以有 9 个（$3 \times 5 - 6$）自由度，或称为 9 个独立的简正振动。根据分子的对称性，这 9 种简正振动可归成下列四类：

第一类，只有一种振动方式，4 个 CL 原子沿与 C 原子的连线方向做伸缩振动，记作 ν_1，表示非简并振动。第二类，有两种振动方式，相邻两对 CL 原子在与 C 原子连线方向上，或在该联线垂直方向上同时做反向运动，记作 ν_2，表示二重简并振动。第三类，有三种振动方式，4 个 CL 原子与 C 原子做反向运动，记作 ν_3，表示三重简并振动。第四类，有三种振动方式，相邻的一对 CL 原子做伸张运动，另一对做压缩运动，记作 ν_4，表示另一种三重简并振动。

上面所说的"简并"，是指在同一类振动中，虽然包含不同的振动方式但具有相同的能量，它们在拉曼光谱中对应同一条谱线。因此，CCL4 分子振动拉曼光谱应有 4 个基本谱线，根据

实验中测得各谱线的相对强度依次为 $\nu_1 > \nu_2 > \nu_3 > \nu_4$。

四、实验内容及步骤

1. 仪器结构

（1）激光拉曼光谱仪的光学原理图如图 13.2 所示。

（2）LRS-Ⅲ激光拉曼/荧光光谱仪的总体结构如图 13.3 所示。

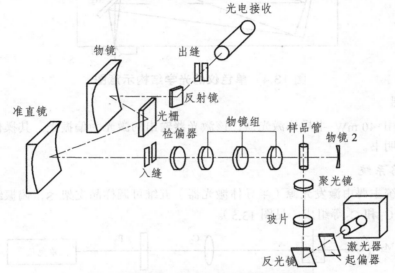

图 13.2　激光拉曼光谱仪的光学原理图

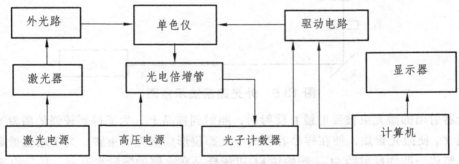

图 13.3　激光拉曼/荧光光谱仪的结构示意图

2. 单色仪

单色仪的光学结构如图 13.4 所示。

S_1 为入射狭缝，M_1 为准直镜，G 为平面衍射光栅，衍射光束经成像物镜 M_2 会聚，平面镜 M3 反射直接照射到出射狭缝 S_2 上，在 S_2 外侧有一光电倍增管 PMT，当光谱仪的光栅转动时，光谱讯号通过光电倍增管转换成相应的电脉冲，并由光子计数器放大、计数，进入计算机处理，在显示器的荧光屏上得到光谱的分布曲线。

111

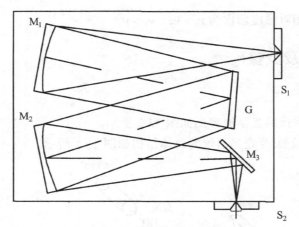

图 13.4　单色仪的光学结构示意图

3. 激光器

本仪器采用 40 mW 半导体激光器,该激光器输出的激光为偏振光。其操作步骤参照半导体激光器说明书。

4. 外光路系统

外光路系统主要由激发光源(半导体激光器)五维可调样品支架 S,偏振组件 P_1 和 P_2 以及聚光透镜 C_1 和 C_2 等组成(见图 13.5)。

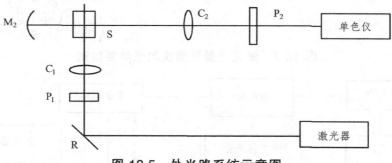

图 13.5　外光路系统示意图

激光器射出的激光束被反射镜 R 反射后,照射到样品上。为了得到较强的激发光,采用一聚光镜 C_1 使激光聚焦,使在样品容器的中央部位形成激光的束腰。为了增强效果,在容器的另一侧放一凹面反射镜 M_2。凹面镜 M_2 可使样品在该侧的散射光返回,最后由聚光镜 C_2 把散射光会聚到单色仪的入射狭缝上。

调节好外光路,是获得拉曼光谱的关键,首先应使外光路与单色仪的内光路共轴。一般情况下,它们都已调好并被固定在一个刚性台架上。可调的主要是激光照射在样品上的束腰应恰好被成像在单色仪的狭缝上。是否处于最佳成像位置可通过单色仪扫描出的某条拉曼谱线的强弱来判断。

5. 偏振部件

作偏振测量实验时,应在外光路中放置偏振部件。它包括改变入射光偏振方向的偏振旋转器,还有起偏器和检偏器。

112

6. 探测系统

拉曼散射是一种极微弱的光，比光电倍增管本身的热噪声水平还要低。用通常的直流检测方法已不能把这种淹没在噪声中的信号提取出来。

单光子计数器方法利用弱光下光电倍增管输出电流信号自然离散的特征，采用脉冲高度甄别和数字计数技术将淹没在背景噪声中的弱光信号提取出来。与锁定放大器等模拟检测技术相比，它基本消除了光电倍增管高压直流漏电和各倍增极热噪声的影响，提高了信噪比；受光电倍增管漂移，系统增益变化的影响较小；它输出的是脉冲信号，不用经过 A/D 变换，可直接送到计算机处理。

在非弱光测量时，通常是测量光电倍增管的阳极电阻上的电压。测得的信号或电压是连续信号。当弱光照射到光阴极时，每个入射光子以一定的概率（即量子效率）使光阴极发射一个电子。这个光电子经倍增系统的倍增最后在阳极回路中形成一个电流脉冲，通过负载电阻形成一个电压脉冲，这个脉冲称为单光子脉冲。除光电子脉冲外，还有各倍增极的热发射电子在阳极回路中形成的热发射噪声脉冲。热电子受倍增的次数比光电子少，因而它在阳极上形成的脉冲幅度较低。此外还有光阴极的热发射形成的脉冲。噪声脉冲和光电子脉冲的幅度的分布如图 13.6 所示。脉冲幅度较小的主要是热发射噪声信号，而光阴极发射的电子（包括光电子和热发射电子）形成的脉冲幅度较大，出现"单光电子峰"。用脉冲幅度甄别器把幅度低于 V_h 的脉冲抑制掉。只让幅度高于 V_h 的脉冲通过就能实现单光子计数。

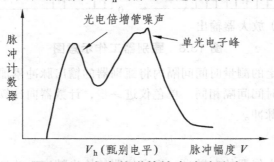

图 13.6　光电倍增管输出脉冲分布

单光子计数器的框图如图 13.7 所示。

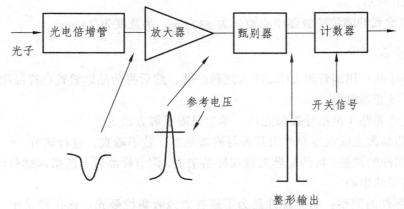

图 13.7　单光子计数器的框图

113

光子计数器中使用的光电倍增管其光谱响应应适合所用的工作波段：暗电流要小（它决定管子的探测灵敏度）;相应速度及光阴极稳定。光电倍增管性能的好坏直接关系到光子计数器能否正常工作。

放大器的功能是把光电子脉冲和噪声脉冲线性放大，应有一定的增益，上升时间 ≤ 3 ns，即放大器的通频带宽达 100 MHz；有较宽的线性动态范围及低噪声，经放大的脉冲信号送至脉冲幅度甄别器。

在脉冲幅度甄别器里设有一个连续可调的参考电压 V_h。如图 13.8（a）所示，当输入脉冲高度低于 V_h 时，甄别器无输出。只有高于 V_h 的脉冲，甄别器输出一个标准脉冲。如果把甄别电平选在图 13.8（b）中的谷点对应的脉冲高度上，就能去掉大部分噪声脉冲而只有光电子脉冲通过，从而提高信噪比。脉冲幅度甄别器应甄别电平稳定；灵敏度高；死时间小、建立时间短、脉冲对分辨率小于 10 ns，以保证不漏计。甄别器输出经过整形的脉冲。

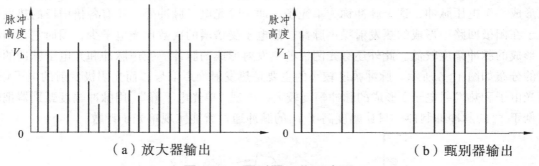

图 13.8　甄别器工作示意图

计数器的作用在规定的测量时间间隔内将甄别器的输出脉冲累加计数。在本仪器中此间隔时间与单色仪步进的时间间隔相同。单色仪进一步，计数器向计算机送一次数，并将计数器清零后继续累加新的脉冲。

7. 陷波滤波器

陷波滤波器旨在减小仪器的杂散光，提高仪器的检出精度，并且能将激发光源的强度大大降低，有效地保护光电管。未加陷波滤波器和加陷波滤波器的 CCL$_4$ 拉曼光谱对比如图 13.9 和图 13.10 所示。

LRS-Ⅲ型配置的陷波滤波器中心波长为 532 nm，半宽度为 20 nm。

8. 操作步骤

（1）准备样品：用滴管将 CCL$_4$ 注入到药品匙，然后将药品匙放置在样品架上。

（2）打开激光器电源。

（3）调整外光路（由指导教师完成，学生只需了解方法）。

① 放入药品匙之前观察激光束是否与底板垂直，若不垂直，进行调节。

② 聚光部件的调整：将药品匙放置在样品架上，调节样品台上的微调螺钉使聚焦后的激光束位于样品管的中心。

③ 集光部件的调整：集光部件是为了最有效地收集拉曼光。该仪器采用一物镜组及物镜 2 来完成，如图 13.11 所示。

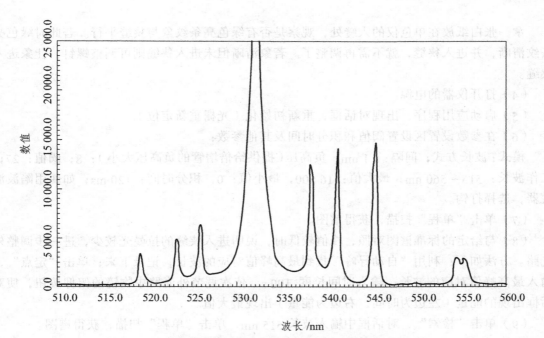

图 13.9　未加陷波滤波器的 CCL₄ 拉曼光谱图

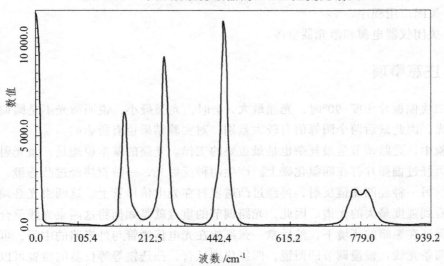

图 13.10　加陷波滤波器的 CCL₄ 拉曼光谱图

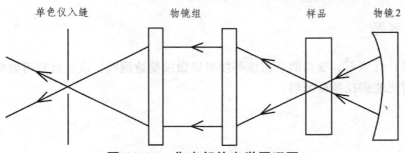

图 13.11　集光部件光学原理图

拿一张白纸放在单色仪的入缝处，观察是否有绿色亮条纹象与狭缝平行。若此时绿色亮条纹清晰，并进入狭缝，就不需再调整了。若象清晰但未进入狭缝则可调整螺钉，让象进入狭缝。

（4）打开仪器的电源。

（5）启动应用程序，出现对话框，重新初始化（光栅重新定位）。

（6）在参数设置区设置阈值和积分时间及其他参数：

模式：波长方式；间隔：0.1 nm；负高压（提供给倍增管的负高压大小）：8；阈值：27；工作波长：515～560 nm；最大值：16 500，最小值：0；积分时间：120 ms；如使用陷波滤波器，选择打钩。

（7）单击"单程"扫描，获得谱图。

（8）与给定的标准谱图对照，峰值较低时，说明进入狭缝的拉曼光较少，进一步调整外光路。方法如下：利用"自动寻峰"找到最高峰值对应的波长，记录下来；单击"定点"，输入最高峰值对应的波长，输入时间长度 100 s。依次调节外光路中物镜的俯仰按钮，使对话框出现的能量（左边为时间，右边为能量）出现最大值。

（9）单击"检索"，对话框中输入波长 515 nm，单击"单程"扫描，获得谱图。

（10）存储打印（显示波长和峰值）。

（11）关闭应用程序。

（12）关闭仪器电源和激光器电源。

五、注意事项

当第二块偏振片角度 90°时，光强最大，0°时，光强最小，说明激光不是圆偏振光，是椭圆偏振光，因此最后两个图峰值有较大差别，对实验结果也有所影响。

在实验中，光路调节是最复杂也是最重要的工作。光路的基本原理是：激光射出经平面镜反射，再经过偏振片打在四氯化碳上。产生两种反射光，一种直接经过凸透镜，打在光电倍增管上。另一种经凹面镜反射，再经过凸透镜打在光电倍增管上。这两束光必须重合在一起，才能看到强度最大的光谱。因此，光路调节的重点就是如何将这两束光线重合在一起。首先必须保证在黑暗的环境下，然后拿一张纸放在光电倍增管与外光路的中间，可以在纸上大概看到两条光线，慢慢调节凹面镜，四氯化碳试管，凸透镜等等仪器的位置可以使两条光线重合，如果不行的话，还可以将逢宽调大。

六、思考题

（1）石蜡、红宝石、葡萄酒、血液等物可以做拉曼检测吗？或处理后可做吗？

（2）反射光能做拉曼检测吗？

实验十四　氦氖激光器模式分析实验

单色性好是激光的特点之一，也就是说具有非常窄的谱线宽度。在激光器的生产与应用中，我们常常需要先知道激光器的模式状况，如精密测量、全息技术等工作需要基横模输出的激光器，而激光器稳频和激光测距等不仅要基横模而且要求单纵模运行的激光器。因此，进行模式分析是激光器的一项基本又重要的性能测试。

一、实验目的

（1）了解氦氖激光模式的基本原理。
（2）掌握氦氖激光模式分析整套仪器的光路调节，理解光谱精度，光谱分辨率的计算。
（3）对本实验使用的重要分光仪器-共焦球面扫描干涉仪，了解其原理，性能，学会正确使用。
（4）掌握激光模式分析的原理与方法。

二、实验仪器

激光器，激光电源，小孔光阑，扫描干涉仪，接收放大器，放大器电源，锯齿波发生器，示波器。

三、实验原理

1. 激光器模式的形成

我们知道，激光器的三个基本组成部分是增益介质、谐振腔、激励能源。如果用某种激励方式，将介质的某一对能级间形成粒子数反转分布，由于自发辐射和受激辐射的作用，将有一定频率的光波产生，在腔内传播，并被增益介质逐渐增强、放大。被传播的光波绝不是单一频率的（通常所谓某一波长的光，不过是指中心波长而已）。因能级有一定宽度，加之粒子在谐振腔内运动受多种因素的影响，实际激光器输出的光谱线宽度是由自然增宽、碰撞增宽和多普勒增宽叠加而成。不同类型的激光器，工作条件不同，以上诸影响有主次之分。例如低气压、小功率的 He-Ne 激光器 6328 埃谱线，以多普勒增宽为主，增宽线型基本呈高斯函数分布，宽度约为 1 500 MHz。只有频率落在展宽范围内的光在介质中传播时，光强将获得不同程度的放大。但只有单程放大，还不足以产生激光，还需要有谐振腔对其光学反馈，使光在多次往返传播中形成稳定、持续的振荡，才有激光输出的可能。而形成持续振荡的条

件是，光在谐振腔内往返一周的光程差应是波长的整数倍，即

$$2\eta L = q\lambda_q \qquad (14.1)$$

这正是光波相干极大条件，满足此条件的光将获得极大增强，其他则互相抵消。式中，η 是折射率，对气体 $\eta \approx 1$，L 是腔长，q 是正整数。每一个 q 对应纵向一种稳定的电磁场分布 λ_q，叫一个纵模，q 称作纵模序数。q 是一个很大的数，通常我们不需要知道它的数值，而关心的是有几个不同的 q 值，即激光器有几个不同的纵模。从式（14.1）中我们还看出，这也是驻波形成的条件，腔内的纵模是以驻波形式存在的，q 值反映的恰是驻波腹的数目。纵模的频率为

$$\nu_q = \frac{qc}{2\eta L} \qquad (14.2)$$

相邻两个纵模的频率间隔为

$$\Delta \nu_q \approx \frac{c}{2\eta L} \approx \frac{c}{2L} \qquad (14.3)$$

从式（14.3）看出，相邻的纵模频率间隔和激光器的腔长成反比，即腔越长，$\Delta \nu_q$ 越小，满足振荡条件的纵模个数越多；相反，腔越短，$\Delta \nu_q$ 越大，在相同的增宽曲线范围内，纵模个数就越少。因而用缩短腔长的方法是获得单纵模运行激光器的方法之一。

任何事物都具有两面性。光波在腔内往返振荡时候，一方面有增益，使光不断增强；另一方面也存在着不可避免的多种损耗，使光强减弱，如介质的吸收损耗、散射损耗、镜面透射损耗、放电毛细管的衍射损耗等。所以，不仅要满足谐振条件，还需要增益大于各种损耗的总和，才能形成持续振荡，有激光输出，如图 14.1 所示。

图 14.1 中，增益线宽内虽有五个纵模满足谐振条件，但只有三个纵模的增益大于损耗，能有激光输出，对于纵模的观测，由于 q 值很大，相邻纵模频率差异很小，眼睛不能分辨，必须借用一定的检测仪器才能观测到。

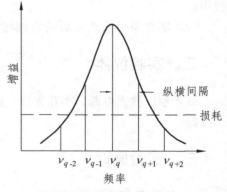

图 14.1 纵模和纵模间隔

谐振腔对光多次反馈，在纵向形成不同的场分布，那么对横向是否也会产生影响呢？回答是肯定的。这是因为光每经过放电毛细管反馈一次，就相当于一次衍射，多次反复衍射，就在横向的同一波腹处形成一个或者多个稳定的衍射分布，称为一个横模，我们见到的复杂的光斑则是这些基本光斑的叠加。如图 14.2 是几种常见的基本横模光斑图样。

总之，任一个模，既是纵模，又是横模，它同时有两个名称，不过是对两个不同方向的观测结果分开称呼而已。一个模由三个量子数来表示，通常写作 TEM_{mnq}，q 是纵模标记，m 和 n 是横模标记。对方形镜来说，m 是沿 x 轴场强为零的节点数，n 是沿 y 轴场强为零的节点数。

前面已知，不同的纵模对应不同的频率，那么同一纵模序数内的不同横模又如何呢？同样，不同横模也是对应不同的频率。横模序数越大，频率越高。通常我们也不需要求出横模频率，关心的是不同横模间的频率差，经推导得

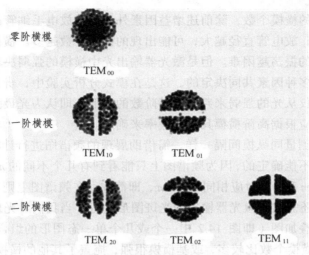

零阶横模 TEM$_{00}$

一阶横模 TEM$_{10}$ TEM$_{01}$

二阶横模 TEM$_{20}$ TEM$_{02}$ TEM$_{11}$

图 14.2 常见的横模光斑图

$$\Delta\nu_{\Delta m+\Delta n} = \frac{c}{2\eta L\pi}(\Delta m + \Delta n)\arccos\sqrt{\left(1-\frac{L}{R_1}\right)\left(1-\frac{L}{R_2}\right)} \qquad (14.4)$$

式中，Δm，Δn 分别表示 x，y 方向上横模模序差，R_1，R_2 为谐振腔的两个反射镜的曲率半径，由（14.3）和（14.4）可知相邻的横模频率间隔和相邻的纵模频率间隔的关系：

$$\Delta\nu_{\Delta m+\Delta n} = \Delta\nu_q \frac{(\Delta m + \Delta n)}{\pi}\arccos\sqrt{\left(1-\frac{L}{R_1}\right)\left(1-\frac{L}{R_2}\right)} \qquad (14.5)$$

从式（14.5）中还可以看出，相邻的横模频率间隔与纵模频率间隔的比值是一个分数，如图 14.3 所示。

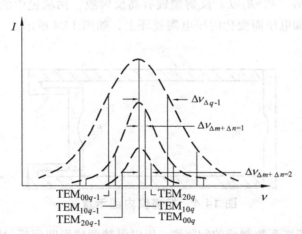

图 14.3 在增益线宽内，纵模和横模分布图

分数的大小由激光器的腔长和曲率半径决定。腔长与曲率半径的比值越大，分数值越大。当腔长等于曲率半径时（$L = R_1 = R_2$，即共焦腔），分数值达到极大，即横模间隔是纵模间隔的 1/2，横模序数相差为 2 的谱线频率正好与纵模序数相差为 1 的谱线频率简并。

119

激光器中能产生的横模个数，除前述增益因素外，还与放电毛细管的粗细、内部损耗等因素有关。一般说来，放电管直径越大，可能出现的横模个数越多。横模序数越高的，衍射损耗越大，形成稳定的振荡越困难。但是激光器输出光中横模的强弱决不能仅从衍射损耗一个因素考虑，而是由多种因素共同决定的，这是在模式分析实验中，辨认哪一个是高阶横模时易出错的地方。因仅从光的强弱来判断横模阶数的高低，即认为光最强的谱线一定是基横模，这是不对的，而应根据高阶横模具有高频率来确定。

横模频率间隔的测量同纵模间隔一样，需借助展现的频谱图进行计算。但阶数 m 和 n 的确定仅从频谱图上是不能确定的，因为频谱图上只能看到有几个不同的 $m+n$，可以测出 $m+n$ 的差值，然而不同的 m 和 n 可对应相同的 $m+n$，即简并，在频谱图上则是相同的，因此要确定 m 和 n 各是多少，还需结合激光器输出的光斑图形进行。当我们对光斑进行观察时，看到的应是它全部横模的叠加图（即图 14.2 中一个或几个单一态图形的组合）。当只有一个横模时，很易辨认。如果横模个数比较多，或基横模很强，掩盖了其他的横模，或者高阶模太弱，都会给分辨带来一定的难度。但由于我们有频谱图，知道了横模的个数及彼此强度上的大致关系，就可缩小考虑的范围，从而能准确地确定出每个横模的 m 和 n。

综上所述，模式分析的内容，就是要测量和分析出激光器所具有的纵模个数、纵模频率间隔值、横模个数、横模频率间隔值、每个模的 m 和 n 的阶数及对应的光斑图形。

2. 共焦球面扫描干涉仪

共焦球面扫描干涉仪是一种分辨率很高的分光仪器，已成为激光技术中一种重要的测量设备。本实验正是通过它将彼此频率差异甚小（几十至几百 MHz），用眼睛和一般光谱仪器都分不清的各个不同纵模、不同横模展现成频谱图来进行观测的。在本实验中，它起着关键作用。

共焦球面扫描干涉仪是一个无源谐振腔，由两块球形凹面反射镜构成共焦腔，即两块镜的曲率半径和腔长相等，$R_1 = R_2 = L$。反射镜镀有高反射膜，两块镜中的一块是固定不变的，另一块固定在可随外加电压而变化的压电陶瓷环上，如图 14.4 所示。

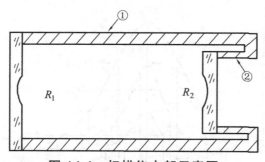

图 14.4　扫描仪内部示意图

图中，①为由低膨胀系数制成的间隔圈，用以保持两球形凹面反射镜 R_1 和 R_2 总是处在共焦状态。②为压电陶瓷环，其特性是若在环的内外壁上加一定数值的电压，环的长度将随之发生变化，而且长度的变化量与外加电压的幅度呈线性关系，这正是扫描干涉仪被用来扫描的基本条件。由于长度的变化量很小，仅为波长数量级，它不会改变腔的共焦状态。但是当线性关系不好时，会给测量带来一定误差。

注意：共焦球面扫描干涉仪是精密仪器，一定要注意防尘、防震。实验中要轻拿轻放，在做完实验后要小心保管。

扫描干涉仪有两个重要的性能参数，即自由光谱范围和精细常数，下面对他们进行讨论。

（1）自由光谱范围。

当一束激光以近光轴方向射入干涉仪后，在共焦腔中经四次反射呈 x 形路径，光程近似为 $4L$，如图 14.5 所示。

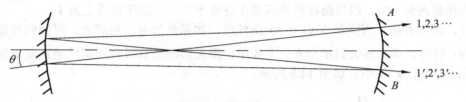

图 14.5　共焦球面扫描仪内部光路图

光在腔内每走一个周期都会有部分光从镜面透射出去，如在 A，B 点，形成一束束透射光 1，2，3，……和 1′，2′，3′……，这时我们在压电陶瓷上加一线性电压，当外加电压使腔长变化到某一长度 L_a，正好使相邻两次透射光束的光程差是入射光中模波长为 λ_a 的这条谱线的整数倍时，即

$$4L_a = k\lambda_a \tag{14.6}$$

此时模 λ_a 将产生相干极大透射，而其他波长的模则相互抵消（k 为扫描干涉仪的干涉序数，是一个整数）。同理，外加电压又可使腔长变化到 L_b，使模 λ_b 符合谐振条件，极大透射，而 λ_a 等其他模又相互抵消……因此，透射极大的波长值与腔长值有一一对应关系，只要有一定幅度的电压来改变腔长，就可以使激光器具有的所有不同波长（或频率）的模依次相干极大透过，形成扫描。但值得注意的是，若入射光波长范围超过某一限定时，外加电压虽可使腔长线性变化，但一个确定的腔长有可能使几个不同波长的模同时产生相干极大，造成重序，例如，当腔长变化到可使 λ_d 极大时，λ_a 会再次出现极大，有

$$4L_d = k\lambda_d = (k+1)\lambda_a \tag{14.7}$$

即 k 序中的 λ_d 和 $k+1$ 序中的 λ_a 同时满足极大条件，两种不同的模被同时扫出，叠加在一起。所以扫描干涉仪本身存在一个不重序的波长范围限制。所谓自由光谱范围（S.R.）就是指扫描干涉仪所能扫出的不重序的最大波长差或者频率差。用 $\Delta\lambda_{\text{S.R.}}$ 或者 $\Delta\nu_{\text{S.R.}}$ 表示。假如上例中 L_d 为刚刚重序的起点，则 $\lambda_d - \lambda_a$ 即为此干涉仪的自由光谱范围值。经推导，可得

$$\lambda_d - \lambda_a = \frac{\lambda_a^2}{4L} \tag{14.8}$$

由于 λ_a 与 λ_d 间相差很小，可共用 λ 近似表示

$$\Delta\lambda_{\text{S.R.}} = \frac{\lambda^2}{4L} \tag{14.9}$$

用频率表示，即为

$$\Delta v_{\text{S.R.}} = \frac{c}{4L} \tag{14.10}$$

在模式分析实验中，由于我们不希望出现式（14.7）中的重序现象，故选用扫描干涉仪时，必须首先知道它的 $\Delta v_{\text{S.R.}}$ 和待分析的激光器频率范围，并使 $\Delta v_{\text{S.R.}} > \Delta v$，才能保证在频谱图上不重序，腔长与模的波长或频率间是一一对应关系。

自由光谱范围还可用腔长的变化量来描述，即腔长变化量为 $\lambda/4$ 时所对应的扫描范围。因光在共焦腔内呈 x 型，四倍路程的光程差正好等于 λ，干涉序数改变为 1。

另外，还可看出，当满足 $\Delta v_{\text{S.R.}} > \Delta v$ 条件后，如果外加电压足够大，可使腔长的变化量是 $\lambda/4$ 的 h 倍时，那么将会扫描出 h 个干涉序，激光器的所有模将周期性地重复出现在干涉序 k，k+1，…，k+h 中，如图 14.6 所示。

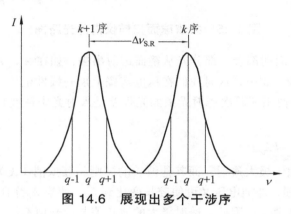

图 14.6　展现出多个干涉序

（2）精细常数。

精细常数 F 是用来表征扫描干涉仪分辨本领的参数，它的定义是:自由光谱范围与最小分辨极限之比，即在自由光谱范围内能分辨得最多的谱线数目。精细常数的理论公式为

$$F = \frac{\pi R}{1 - R} \tag{14.11}$$

式中，R 为凹面镜的反射率。从式（14.11）看，F 只与镜片的反射率有关，实际上还与共焦腔的调整程度，镜片加工精度，干涉仪的入射和出射光孔的大小及使用时的准直精度等因素有关。因此精细常数的实际值应由实验来确定。根据精细常数的定义

$$F = \Delta \lambda_{\text{S.R.}} / \delta \lambda \tag{14.12}$$

显然，$\delta \lambda$ 应是干涉仪能分辨出的最小波长差，我们用仪器的半宽度 $\Delta \lambda$ 代替，实验中就是一个模的半值宽度，从展开的频谱图中我们可以测定出 F 值的大小。

四、实验内容及步骤

（1）按照装置图连接线路，经检查无误，方可接通。

（2）打开激光器的开关，点燃激光器。

（3）调整光路，首先使激光束从光阑小孔通过，调整扫描干涉仪上下、左右位置，使光束正入入射孔中心，再细调干涉仪板架上的两个方位螺丝，以使从干涉仪腔镜反射的最亮的光点回到光阑小孔的中心附近（注意不要穿过光阑小孔入射激光器），这时表明入射光束和扫描干涉仪的光轴基本重合。

（4）将放大器的接收部位对准扫描干涉仪的输出端。

（5）接通放大器、锯齿波发生器、示波器的电源开关。

（6）观察示波器上展现的频谱图，进一步细调干涉仪的方位螺丝，使谱线尽量强，噪声很小。

（7）改变锯齿波输出电压的峰值，看示波器上干涉序的数目的变化（电压的峰值越高，出现的干涉序的数目越多），将峰值固定在某一值（能看到清楚且容易分辨的两个干涉序即可），确定示波器上展现的干涉序的个数。把看到的干涉序图储存到 U 盘上。

（8）根据干涉序的个数和频谱的周期性，确定哪些模属于同一 k 序。

（9）根据自由光谱范围的定义，确定它所对应的频率间隔（即哪两条谱线间隔为 $\Delta\lambda_{\text{S.R.}}$）。为了减小测量误差，需要对 x 轴增幅，测出与 $\Delta\lambda_{\text{S.R.}}$ 相对应的标尺长度，计算出二者比值——每厘米代表的频率间隔值。

（10）在同一干涉序 k 中观测，根据纵模定义对照频谱特征，确定纵模的个数，并测出纵模频率间隔 $\Delta\nu_q$。

（11）根据横模的频率频谱特征，在同一干涉序 k 内有几个不同的横模，并测出不同的横模频率间隔 $\Delta\nu_{\Delta m+\Delta n}$。

（12）确定横轴频率增加的方向，以便确定在同一 q 纵模序中哪个模是高阶横模，哪个是低阶横模，及它们间的强度关系。

（13）用白屏在远处接收激光，这时看到的应是所有横模的叠加图，还需要结合图 14.2 中单一横模的形状加以辨认，以便确定每个横模的模序 m，n 值。

（14）通过对两支不同模式状况的激光器进行观测，总结出模式分析的基本方法。

五、注意事项

（1）扫描干涉仪的压电陶瓷易碎，在实验过程中轻拿轻放。

（2）扫描干涉仪的通光孔，在平时不用时应用胶带封好，防止灰尘进入。

（3）锯齿波发生器不允许空载，必须连接扫描干涉仪后，才能打开电源。

六、思考题

（1）观测时，为何要先确定示波器上被扫出的干涉的数目，有何好处？

（2）本实验的实验方法的优缺点是什么？它的巧妙之处是什么？

（3）在示波器的不同位置，纵模频率间隔有所差异是何原因？如何提高测量的准确度？

实验十五　太阳能电池特性实验

　　太阳能是人类一种最重要的可再生能源，地球上几乎所有能源如：生物质能、风能、水能等都来自太阳能。利用太阳能发电方式有两种：一种是光—热—电转换方式，另一种是光—电直接转换方式。其中，光—电直接转换方式是利用半导体器件的光伏效应进行光电转换的，称为太阳能光伏技术，而光—电转换的基本装置就是太阳能电池。

　　太阳能电池根据所用材料的不同可分为：硅太阳能电池、多元化合物薄膜太阳能电池、聚合物多层修饰电极型太阳能电池、纳米晶太阳能电池、有机太阳能电池。其中，硅太阳能电池是目前发展最成熟的，在应用中居主导地位。硅太阳能电池又分为单晶硅太阳能电池、多晶硅薄膜太阳能电池和非晶硅薄膜太阳能电池三种。单晶硅太阳能电池转换效率最高，技术也最为成熟，在大规模应用和工业生产中仍占据主导地位，但单晶硅成本价格高。多晶硅薄膜太阳能电池与单晶硅比较，成本低廉，而效率高于非晶硅薄膜太阳能电池。非晶硅薄膜太阳能电池成本低，质量轻，转换效率高，便于大规模生产，有极大的潜力，但稳定性不高，直接影响了应用。

　　太阳能电池的应用很广，已从军事、航天领域进入了工业、商业、农业、通信、家电以及公用设施等部门，尤其是在分散的边远地区、高山、沙漠、海岛和农村等得到广泛使用。目前，中国已成为全球主要的太阳能电池生产国，主要分布在长三角、环渤海、珠三角、中西部地区，已经形成了各具特色的太阳能产业集群。

一、实验目的

（1）了解和掌握太阳能电池原理及应用。
（2）了解并掌握太阳能电池相关特性的测试。

二、实验仪器

光电子课程综合实训平台、太阳能电池板、光源、2号跌插头对若干。

三、实验原理

1. 太阳电池的结构

　　以晶体硅太阳能电池为例，其结构示意图如图15.1所示。晶体硅太阳能电池以硅半导体材料制成大面积 PN 结进行工作。一般采用 N+/P 同质结的结构，即在约 10 cm × 10 cm 面积的 P 型硅片（厚度约 500 μm）上用扩散法制作出一层很薄（厚度约 0.3 μm）的经过重掺杂的 N 型层。然后在 N 型层上面制作金属栅线，作为正面接触电极。在整个背面也制作金属膜，作为背面欧姆接触电极，这样就成了晶体硅太阳能电池。为了减少光的反射损失，一般在整个表面上再覆盖一层减反射膜。

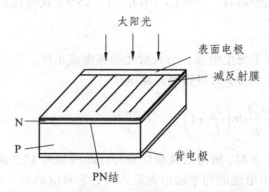

图 15.1 晶体硅太阳能电池的结构示意图

2. 光伏效应

当光照射在距太阳能电池表面很近的 PN 结时，只要入射光子的能量大于半导体材料的禁带宽度 E_g，则在 P 区、N 区和结区光子被吸收会产生电子-空穴对。那些在结附近 N 区中产生的少数载流子由于存在浓度梯度而要扩散。只要少数载流子离 PN 结的距离小于它的扩散长度，总有一定概率扩散到结界面处。在 P 区与 N 区交界面的两侧即结区，存在一空间电荷区，也称为耗尽区。在耗尽区中，正负电荷间成一电场，电场方向由 N 区指向 P 区，这个电场称为内建电场。这些扩散到结界面处的少数载流子（空穴）在内建电场的作用下被拉向 P 区。同样，如果在结附近 P 区中产生的少数载流子（电子）扩散到结界面处，也会被内建电场迅速被拉向 N 区。结区内产生的电子空穴对在内建电场的作用下分别移向 N 区和 P 区。如果外电路处于开路状态，那么这些光生电子和空穴积累在 PN 结附近，使 P 区获得附加正电荷，N 区获得附加负电荷，这样在 PN 结上产生一个光生电动势。这一现象称为光伏效应（Photovoltaic Effect，缩写为 PV）。

3. 太阳能电池的表征参数

太阳能电池的工作原理是基于光伏效应。当光照射太阳能电池时，将产生一个由 N 区到 P 区的光生电流 I_{ph}。同时，由于 pN 结二极管的特性，存在正向二极管电流 I_D，此电流方向从 P 区到 N 区，与光生电流相反。因此，实际获得的电流 I 为

$$I = I_{ph} - I_D = I_{ph} - I_o\left[\exp\left(\frac{qV_D}{nk_BT}\right) - 1\right] \tag{15.1}$$

式中：V_D 为结电压；I_o 为二极管的反向饱和电流；I_{ph} 为与入射光的强度成正比的光生电流，其比例系数是由太阳能电池的结构和材料的特性决定；n 称为理想系数（n 值），是表示 PN 结特性的参数，通常在 1～2 之间；q 为电子电荷；k_B 为波尔兹曼常数；T 为温度。

如果忽略太阳能电池的串联电阻 R，V 即为太阳能电池的端电压，则（15.1）式可写为

$$I = I_{ph} - I_o\left[\exp\left(\frac{qV}{nk_BT}\right) - 1\right]$$ （15.2）

当太阳电池的输出端短路时，$V=0$（$V \approx 0$），由（15.2）式可得到短路电流

$$I_{sc} = I_{ph}$$ （15.3）

即太阳电池的短路电流等于光生电流，与入射光的强度成正比。当太阳能电池的输出端开路时，$I=0$，由（15.2）和（15.3）式可得到开路电压

$$V_{oc} = \frac{nk_BT}{q}\ln\left(\frac{I_{sc}}{I_o} + 1\right)$$ （15.4）

当太阳电池接上负载 R 时，所得的负载伏安特性曲线如图 15.2 所示。负载 R 可以从零到无穷大。当负载 R_m 使太阳电池的功率输出为最大时，它对应的最大功率 P_m 为

$$P_m = V_m I_m$$ （15.5）

式中，I_m 和 V_m 分别为最佳工作电流和最佳工作电压。将 V_{oc} 与 I_{sc} 的乘积与最大功率 P_m 之比定义为填充因子 FF，则

$$FF = \frac{P_m}{V_{oc}I_{sc}} = \frac{V_m I_m}{V_{oc}I_{sc}}$$ （15.6）

式中，FF 为太阳电池的重要表征参数，FF 愈大则输出的功率愈高。FF 取决于入射光强、材料的禁带宽度、理想系数、串联电阻和并联电阻等。太阳能电池的转换效率 η 定义为太阳能电池的最大输出功率与照射到太阳能电池的总辐射能 P_{in} 之比，即

$$\eta = \frac{P_m}{P_{in}} \times 100\%$$ （15.7）

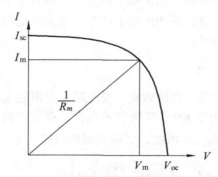

图 15.2　太阳能电池的伏安特性曲线

4. 太阳电池的等效电路

太阳电池可用 PN 结二极管 D、恒流源 I_{ph}、太阳能阳电池的电极等引起的串联电阻 R_s 和相当于 PN 结泄漏电流的并联电阻 R_{sh} 组成的电路来表示，如图 15.3 所示。该电路为太阳

能电池的等效电路。由等效电路图可以得出太阳能电池两端的电流和电压的关系为

$$I = I_{ph} - I_o \left[\exp\left(\frac{q(V + R_s I)}{nk_B T} \right) - 1 \right] - \frac{V + R_s I}{R_{sh}} \quad (15.8)$$

为了使太阳能电池输出更大的功率，必须尽量减小串联电阻 R_s，增大并联电阻 R_{sh}。

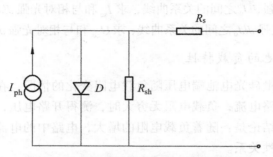

图 15.3　太阳能电池的等效电路

四、实验内容与步骤

1. 伏安特性测试实验

太阳能电池接入 DC-DC 变换模块的金色插孔 "J9" 和 "J10"。将太阳能光伏组件，电压表，电流表，负载电阻按照图 15.4 连接成回路，改变负载电阻 R，测量流经负载的电流 I 和负载上的电压 U，即可得到该光伏组件的伏安特性曲线。测量过程中辐射光源与光伏组件的距离要保持不变，以保证整个测量过程是在相同光照强度下进行的。

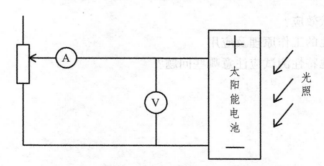

图 15.4　测量太阳能电池电路连接图

分别测量几组（具体组数可随意）光照下的光伏组件的伏-安特性曲线，绘制不同光照下伏-安特性曲线。

2. 测量太阳能电池的短路电流 I_{sc}、开路电压 U_{oc}、最大输出功率 P_{max} 及填充因子 FF

（1）求短路电流 I_{sc} 和开路电压 U_{oc}。

（2）求太阳能电池的最大输出功率及最大输出功率时负载电阻。

（3）计算填充因子 $FF = P_{max} / I_{sc} U_{oc}$。

127

3. 测量太阳能电池的光电效应与光照性质

取离白光源 10 cm 水平距离光强作为标准光照强度,用光功率计测量该处的光照强度 J_0;改变太阳能电池到光源的距离,用光功率计测量该处的光照强度 J,求光强 J 与位置关系。

设计测量电路图,并连接。测量太阳能电池接收到相对光强度 J/J_0 不同值时,相应的 I_{sc} 和 U_{oc} 的值。

描绘 I_{sc} 和与相对光强 J/J_0 之间的关系曲线,求 I_{sc} 和与相对光强 J/J_0 之间的近似关系函数。

描绘 U_{oc} 和与相对光强 J/J_0 之间的关系曲线,求 U_{oc} 和与相对光强 J/J_0 之间的近似关系函数。

4. 测量太阳能电池的负载特性

这个实验主要是测量硅光电池端电压随负载电阻变化的情况,在一定的光通量下,当负载电阻为零时,测得短路电流,负载电阻无穷大时,测得开路电压,短路电流和开路电压是硅光电池的重要参数。结论是:随着负载电阻的增大,电路中的电流减小、硅光电池端电压增大,电流与电压呈线性关系。

五、注意事项

(1)连接电路时,保持太阳能电池无光照条件。
(2)避免太阳光照射太阳能电池。
(3)连接电路时,保持电源开关断开。
(4)光源的温度较高,应避免直接与太阳能电池接触。

六、思考题

(1)什么是光伏效应?
(2)太阳能电池的工作原理及应用。
(3)太阳能电池特性测试应注意哪些问题?

实验十六　真空镀膜实验

　　薄膜技术在工业上有着十分重要和广泛的应用：电子技术、光学仪器、激光技术、航天技术等。对薄膜物理和生长工艺的研究构成现代物理的重要组成部分。薄膜的制备方法可以分为物理方法和化学方法两大类。真空镀膜是指在真空条件下，利用物理的方法，在固体表面生长单层或多层薄膜的技术。

　　根据设备和原理的不同真空镀膜可以分为：蒸发镀膜、溅射镀膜、离子镀。这里只介绍真空蒸发镀膜的方法，它是指在真空中加热蒸发材料，使蒸发粒子沉积在基片表面形成薄膜的一种方法。

一、实验目的

　　（1）初步了解真空的一般概念，真空的获得与测量的基础知识，学会简单真空系统的操作方法。

　　（2）掌握真空镀膜的原理和技术。

　　（3）利用真空蒸发的方法制备铝膜。

二、实验仪器

　　真空镀膜设备、复合真空计。

三、实验原理

1. 真空的获得与测量

　　真空镀膜必须在真空环境中完成，真空的好坏关系到实验的成败和沉积薄膜的质量。此外，真空技术在电子学、高能物理、航天技术、材料科学、冶金工业等科学领域也有着十分重要的应用。

　　一个标准大气压的压强为 $1.013\,3 \times 10^5$ Pa（帕），在给定的空间中，如果气体压强低于一个标准大气压，这时的气体状态便可以视为真空。真空程度的好坏通常用真空度来描述，它由空间中气体压强的大小来决定。气体压强越低，真空度就越高。真空度的单位采用压强的单位，在国际单位制中是帕（Pa）。因为习惯，"托"（Torr）和"毫巴"（mbar）也被经常使用，1 Torr=133 Pa，1 mbar=100 Pa。

　　在真空应用技术中，真空的获得和测量是两个重要的方面。用来获得真空的设备，称之为真空泵。目前利用人工方法已经可以得到 10^{-12} Pa 的真空，从一个标准大气压到 10^{-12} Pa，根据真空状态下气体分子的物理特性、真空泵和真空测量仪器的工作范围，可以分为以下五个区段：

粗真空：$10^5 \sim 10^3$ Pa

低真空：$10^3 \sim 10^{-1}$ Pa

高真空：$10^{-1} \sim 10^{-6}$ Pa

超高真空：$10^{-6} \sim 10^{-10}$ Pa

极高真空：$<10^{-10}$ Pa

不同的薄膜制备技术对真空度的要求是不同的，一般来说，蒸发镀膜需要真空度优于 10^{-2} Pa，处于高真空区段。

根据原理的不同，真空泵分为不同的种类，不同真空泵的工作条件也各不相同。为了获得较高的真空度，通常将多种真空泵串联起来配合工作。能使压强从一个大气压开始变小，进行排气的泵称为"前级泵"，只能从较低压强抽到更低压强的称为"次级泵"。本实验使用的是旋片式机械泵＋油扩散泵模式，其中前者作为前级泵，后者作为次级泵。机械泵是运用机械方法不断地改变泵内吸气空腔的容积，使被抽容器内气体的体积不断膨胀从而获得真空的泵。油扩散泵是一种气流泵，它利用气体扩散现象来抽气。极限真空度是真空泵一个重要的性能参数，它是指在无负载时，泵入口处可以达到的最低压强。机械泵的极限真空度为 $1 \sim 1 \times 10^{-2}$ Pa，油扩散泵的极限真空度一般能达到 $1 \times 10^{-5} \sim 1 \times 10^{-7}$ Pa。起始工作压强是指真空泵开始工作时，泵入口处必须达到的压强值，超过该值，真空泵将无法正常工作。机械泵的起始工作压强是一个标准大气压，油扩散泵是 1 Pa。因此，抽真空时必须先用机械泵预抽，待真空室压强抽到 1 Pa 后，才能启动油扩散泵。

测量真空度的装置称为真空计或真空规，真空计的种类很多，利用的原理也不同：气体产生的压强、气体的黏滞性、动量转换率、热导率、电离。从一个大气压到高真空甚至超高真空，经历的真空度范围很广，没有一种真空计能够单独完成测量，一般采用不同类型的真空计分别进行相应范围内真空度的测量。常用的有热偶真空计和电离真空计。

热偶真空计利用低压下气体的热导率与气体压强成正比的特点制成。图 16.1（a）是热偶规管的结构示意图，1，2 为加热丝，3，4 为热电偶，管口与待测真空系统相连。加热丝通以恒定电流，温度由周围气体的热导率或浓度决定，压强越高，气体分子碰撞带走的热量就越多，加热丝的温度就越低，与加热丝相连的热电偶上产生的热电势就越小。如果已知热电势与压强的关系，就可以通过热电势读数测量压强。热偶真空计的测量范围是 $0.1 \sim 10$ Pa，其原因是当压强低于 0.1 Pa，气体热导率已经很小，热电势与压强已经没有很显著的对应关系。

电离真空计利用电子与气体分子碰撞产生电离电流随压强变化的原理制成，图 16.1（b）是电离规管的结构示意图。加热阴极发射电子，电子在栅极电场的作用下被加速，与规管内气体分子相碰撞并产生电离，正离子飞向负电位的收集极，离子流的大小与气体浓度有关，极间电压及阴极灯丝的电流不变时，管内气体浓度越高，正离子流就越大，在一定范围内离子流与压强呈线性关系。电离真空计的测量范围是 $10^{-1} \sim 10^{-6}$ Pa，真空度不足 10^{-1} Pa 时，不能打开电离真空计，否则过高的离子流会烧毁电离规管。在使用过程中为了方便，通常把电离真空计和热偶真空计组合成复合真空计。

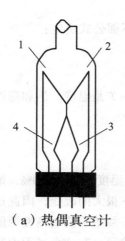
（a）热偶真空计

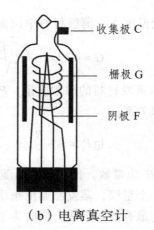
收集极 C

栅极 G

阴极 F

（b）电离真空计

图 16.1　热偶真空计和电离真空计的结构原理

2. 真空蒸发镀膜

材料从蒸发到在基片上沉积为薄膜，主要经历三个步骤：材料受热转变为气相，气相粒子向基片的输运，粒子在基片上沉积为薄膜。

材料加热蒸发的方式有多种：电阻加热蒸发、闪烁蒸发、电子束蒸发、激光加热蒸发、弧光蒸发、射频加热蒸发等。电阻大电流加热蒸发是最直接、方便的方法，它历史久远，至今仍然得到广泛的应用。根据被蒸发材料的不同，电阻蒸发源具有不同的形状，如图 16.2 所示。如果被蒸发材料和蒸发源材料有良好的浸润，可以选择线状蒸发源，如果蒸发材料是粉末状或与蒸发源材料没有良好的浸润，只能选择舟状蒸发源。电阻蒸发源材料选取的原则：良好的热稳定性，化学性质不活泼；相对被蒸发材料有较高的熔点，表 16.1 是一些常见元素的熔点、沸点和蒸发温度。

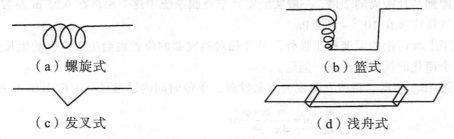
（a）螺旋式　　　　　　　　　　　　　（b）篮式

（c）发叉式　　　　　　　　　　　　　（d）浅舟式

图 16.2　电阻蒸发源形状

表 16.1　常见元素的熔点、沸点和蒸发温度

金属	熔点/℃	沸点/℃	蒸发温/℃	金属	熔点/℃	沸点/℃	蒸发温/℃	金属	熔点/℃	沸点/℃	蒸发温/℃
Mg	648.8	1 090	433（升华）	Fe	1 535	2 750	1 447	Al	660.37	2 467	1 148
Sb	630.74	1 750	678	Au	1 064.43	2 807	1 465	Sn	231.97	2 270	1 189
Pb	327.50	1 740	718	Ti	1 660±10	3 287	1 546	Cu	1 083.4	2 567	1 273
In	156.61	2 080	952	Ni	1 453	2 732	1 566	Si	1 410	2 355	1 343
Ag	961 .93	2 212	1 049	Pt	1 772	3 827±100	2 090	C	3 550	4 827	2 681
Ga	29.78	2 403	1 093	Mo	2 617	4 612	2 533	W	3 410	5 660	3 309

在一定温度下，薄膜材料单位面积的质量蒸发速率由下面公式决定：

$$G \approx 4.37 \times 10^{-3} P_v \sqrt{\frac{M}{T}}$$ （16.1）

式中，M 为蒸发材料的摩尔质量，P_v 是材料的饱和蒸汽压，T 是温度。饱和蒸汽压与温度满足下面近似关系：

$$\lg P_v = A - \frac{B}{T}$$ （16.2）

式中，A，B 为常数。饱和蒸汽压随温度升高很快地增加，温度变化约 10%，饱和蒸汽压就要变化约一个量级，蒸发源温度很小的变化会导致蒸发速率很大的改变，因此加热升温是提高蒸发速率最有效的方法，同时为了精确控制蒸发速率，必须精确控制蒸发源的温度。

材料受热蒸发为原子或分子，并以一定的速度向基片输运，在这个过程中受到周围的气体分子的作用，最终影响到薄膜的纯度、牢固程度和薄膜的生长效率。由热学的知识可知气体分子运动的平均自由程为

$$\lambda = \frac{kT}{\sqrt{2}\pi\sigma^2 p}$$ （16.3）

式中，k 为玻耳兹曼常数，T 为气体温度，σ 为气体分子的有效直径，p 为气体压强，此式表面气体分子的平均自由程与压强成反比，与温度成正比。在常温下

$$\lambda \approx \frac{6.6 \times 10^{-3}}{p} \quad (\text{m})$$ （16.4）

为了减小气体分子对蒸发材料原子或分子的碰撞，一般要求气体分子的平均自由程要大于蒸发源到基片距离的 2 倍，一般实验室真空镀膜系统中这个距离在 0.25 m 左右，因此镀膜是系统气压应该在 $10^{-2} \sim 10^{-4}$ Pa。

除了上面讨论的温度和压强外，基片相对蒸发源的位置也会决定薄膜的生长速率，下面通过一个简化的模型讨论这一问题。

如图 16.3 所示，将蒸发源视为点蒸发源，单位时间内通过任何方向面积 ds 的质量为

$$\mathrm{d}m = \frac{m}{4\pi}\mathrm{d}\omega = \frac{m}{4\pi}\frac{\cos\varphi}{r^2}\mathrm{d}s$$ （16.5）

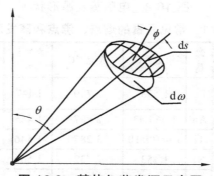

图 16.3　基片与蒸发源示意图

如图 16.4 所示，设蒸发物的密度为 ρ，单位时间淀积在 $\mathrm{d}s$ 上的膜厚为 t，则

$$\mathrm{d}m = \rho \cdot t \cdot \mathrm{d}s \tag{16.6}$$

比较以上两式可得

$$t = \frac{m\cos\varphi}{4\pi\rho r^2} \tag{16.7}$$

对于平行平面 $\mathrm{d}s$，$\varphi = \theta$，则上式为

$$t = \frac{m\cos\theta}{4\pi\rho r^2} \tag{16.8}$$

由 $\cos\theta = \dfrac{h}{r}$，$r^2 = \delta^2 + h^2$

$$t = \frac{mh}{4\pi\rho(\delta^2 + h^2)^{1/2}} \tag{16.9}$$

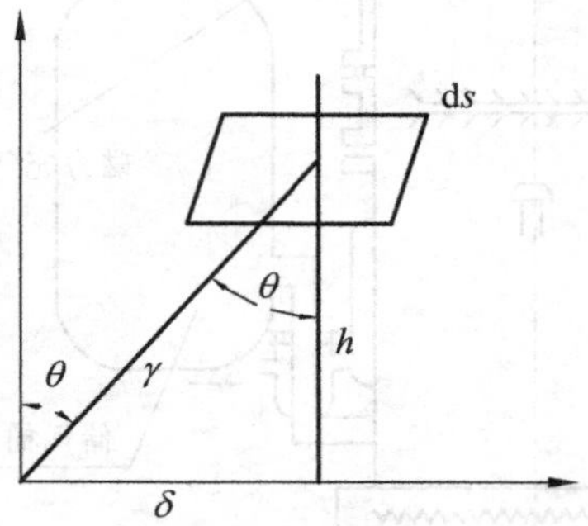

图 16.4　示意图

可得在点源的正上方区域（$\delta = 0$）时

$$t_0 = \frac{m}{4\pi\rho}\frac{1}{h^2} \tag{16.10}$$

由此可见，蒸发速率与蒸发源到基片距离的平方成反比，距离越远速率越慢。为了使基片上薄膜分布均匀，让蒸发源与基片距离远些为好，另外在生长薄膜的过程中转动基片，也可以增加薄膜的均匀性。

四、实验内容及步骤

图 16.5 是本实验镀膜设备的结构示意图，包括真空镀膜室（钟罩）、真空系统和电气系统。镀膜室为钟罩形，不锈钢制成，通过机械升级系统可以提升或降下钟罩，通过 O 型橡胶圈密封。钟罩旁设有观察窗口，方便监控镀膜过程。内部主要是蒸发源和样品架，它们之间由一挡板隔开，开关挡板可以控制何时需要在基片上生长薄膜。样品架可以转动，增加薄膜的均匀性。镀膜室装有离子轰击电极，在真空度达到几个帕斯卡后，在轰击电极上通过交流

电，稀薄气体辉光放电产生大量离子，离子撞击基片表面和钟罩内壁，起到清洁作用同时提高系统真空度的作用。

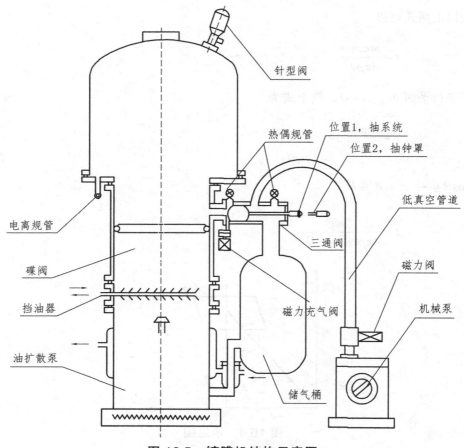

图 16.5 镀膜机结构示意图

针型阀
热偶规管
位置1，抽系统
位置2，抽钟罩
低真空管道
电离规管
磁力阀
碟阀
三通阀
机械泵
挡油器
磁力充气阀
油扩散泵
储气桶

真空系统包括抽气系统和测量系统，抽气部分采用机械泵-油扩散泵串联真空机组抽真空，极限真空为 2×10^{-4} Pa，测量部分由两个热偶真空计和一个电离真空计组成，操作过程留意各个部件的原理和注意事项，参考说明书完成。

1. 清洗与安装

用无水乙醇擦洗真空室，除去可能出现的任何微粒，尘埃，油污以及其他杂质，操作中应戴手套，避免裸手接触真空室。清洗玻璃基片和真空钟罩观察窗的玻璃片，玻璃片上如果已经镀有薄膜，可以放入 20%氢氧化钠溶液中浸泡数分钟，再用水冲洗，最后烘干。清洁光亮的玻璃基片对薄膜质量至关重要，它能影响薄膜的均匀性和薄膜在基片上的牢固程度。用去离子水和无水乙醇依次清洗基片，用镊子操作，不要让手直接接触基片。钨丝首次使用时需要除去表面的氧化物和油污，方法是用 20%的氢氧化钠溶液煮 10 min 左右，最后用水冲洗烘干。

开总电源，打开磁力阀，对真空室充气，内外压力平衡后升钟罩。替换钟罩观察窗上玻璃片。将蒸发源钨丝固定在两个电极上，然后用镊子把铝箔小心地搭到钨丝上。玻璃基片置于样品架上，挡板旋转到钨丝与基片之间，刚好挡住钨丝。待一切完成以后，降下钟罩。

2. 抽真空

（1）接通冷却水，开机械泵电源，低阀处在"抽钟罩"位置，开热偶真空计电源。

（2）热偶真空计示数为 Pa 量级后，接通轰击电路，时间约为 20 min。

（3）将低阀推至抽系统，开扩散泵加热 40 min 后开高阀，待真空度超过 1×10^{-1} Pa 时接通高真空测量。

3. 蒸发薄膜

当真空度达到 5×10^{-3} Pa 时，接通蒸发源加热电源，慢慢加大电流，让钨丝慢慢发红，观察铝箔何时熔化，关闭挡板开始预熔，真空度回复到 5×10^{-3} Pa 时，打开挡板，增大电流，让铝迅速蒸发到基片上去。蒸发完毕，电流迅速降低为零，切断加热电源。

4. 停机与取样品

镀膜结束后，因为样品和蒸发源温度还很高，需要等待 20 min 使慢慢冷却下来才能打开钟罩取样品。

（1）关闭扩散泵电源，关高真空测量，低阀处于抽系统状态，高阀处于开启状态。

（2）机械泵继续工作，真空计读数为 Pa 量级，关高阀，关水，关机械泵。

（3）充气，升钟罩，取样品。

（4）降下钟罩，机械泵抽钟罩，待真空计读数为 Pa 量级，关机械泵，关电源。

五、注意事项

（1）预习时必须认真阅读有关仪器的使用说明，要根据工作原理理解实验操作规程中先后操作步骤的关系。

（2）实验中如遇到突然停电，要立即关掉高阀，底阀拉出。关掉真空计（防止重新来电后，电离真空计会重新启动，烧坏规管）。

（3）注意阴极电离真空计的开启时间，以免规管烧坏。

六、思考题

（1）真空镀膜有什么特点和要求？

（2）真空度的高低对薄膜质量有什么影响？

（3）蒸发速率与哪些因素有关，如何控制薄膜的厚度？

（4）薄膜的均匀性和牢固程度受哪些因素的影响？

（5）真空镀膜适用于镀哪些材料？

实验十七 四探针测试仪测量薄膜电阻率实验

电阻率是反映半导体材料导电性能的重要参数之一。测量电阻率的方法很多，如四探针法、电容-电压法、扩展电阻法等，其中四探针法是一种在半导体工艺中广泛采用的方法，它的优点是设备简单，操作方法方便，精确度高，对样品的形状无严格要求。四探针法的探针与半导体样品之间不要求制备接触电极，极大地方便了对样品电阻率的测量。四探针法可测量样品沿径向分布的断面电阻率，从而可以观察电阻率的不均匀性。自从汤姆森提出四探针法测量电阻以来，四探针法在材料电性能测量中得到了广泛应用，并发展了双四探针、方形探针法等。

一、实验目的

（1）掌握四探针法测量电阻率和薄层电阻的原理及测量方法。
（2）了解影响电阻率测量的各种因素及改进措施。

二、实验仪器

SB118 恒流源，PZ158A 电压表，四探针支架。

三、实验原理

1. 半导体材料体电阻率测量原理

在半无穷大样品上的点电流源，若样品的电阻率 ρ 均匀，引入点电流源的探针其电流强度为 I，则所产生的电场具有球面的对称性，即等位面为一系列以点电流为中心的半球面，如图 17.1 所示。在以 r 为半径的半球面上，电流密度 j 的分布是均匀的。

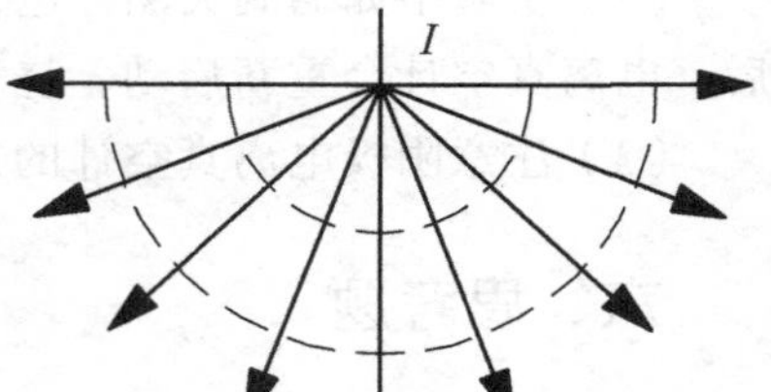

若 E 为 r 处的电场强度，则

图 17.1 点电流源电场分布图

$$E=j\rho = \frac{I\rho}{2\pi r^2} \tag{17.1}$$

由电场强度和电位梯度以及球面对称关系，则

$$E = -\frac{\mathrm{d}\psi}{\mathrm{d}r} \tag{17.2}$$

$$d\psi = -Edr = -\frac{I\rho}{2\pi r^2}dr \qquad (17.3)$$

取 r 为无穷远处的电位为零，则：

$$\int_0^{\psi(r)} d\psi = \int_\infty^r -Edr = \frac{-I\rho}{2\pi}\int_\infty^r \frac{dr}{r^2} \qquad (17.4)$$

$$\psi(r) = \frac{\rho I}{2\pi r} \qquad (17.5)$$

上式就是半无穷大均匀样品上离开点电流源距离为 r 的点的电位与探针流过的电流和样品电阻率的关系式，它代表了一个点电流源对距离 r 处的点的电势的贡献。

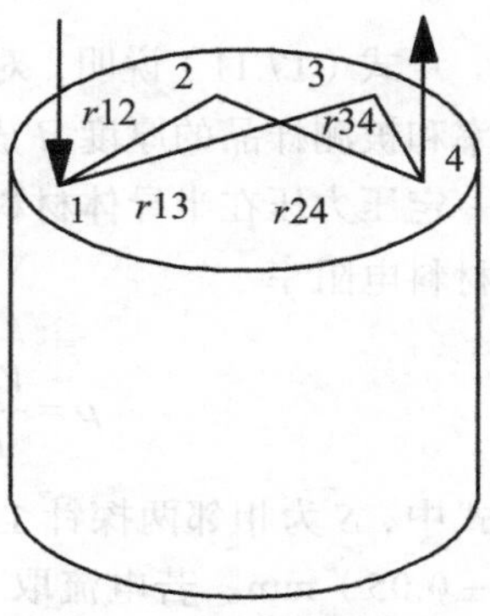

对图 17.2 所示的情形，四根探针位于样品中央，电流从探针 1 流入，从探针 4 流出，则可将 1 和 4 探针认为是点电流源，由 17.5 式可知，2 和 3 探针的电位为

$$\psi_2 = \frac{I\rho}{2\pi}\left(\frac{1}{r_{12}} - \frac{1}{r_{24}}\right) \qquad (17.6)$$

$$\psi_3 = \frac{I\rho}{2\pi}\left(\frac{1}{r_{13}} - \frac{1}{r_{34}}\right) \qquad (17.7)$$

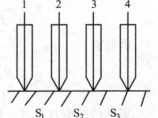

图 17.2　任意位置四探针示意图

2，3 探针的电位差为

$$V_{23} = \psi_2 - \psi_3 = \frac{\rho I}{2\pi}\left(\frac{1}{r_{12}} - \frac{1}{r_{24}} - \frac{1}{r_{13}} + \frac{1}{r_{34}}\right) \qquad (17.8)$$

此可得出样品的电阻率为

$$\rho = \frac{2\pi V_{23}}{I}\left(\frac{1}{r_{12}} - \frac{1}{r_{24}} - \frac{1}{r_{13}} + \frac{1}{r_{34}}\right)^{-1} \qquad (17.9)$$

式（17.9）就是利用直流四探针法测量电阻率的普遍公式。我们只需测出流过 1，4 探针的电流 I 以及 2，3 探针间的电位差 V_{23}，代入四根探针的间距，就可以求出该样品的电阻率 ρ。实际测量中，最常用的是直线型四探针（如图 17.3 所示），

即四根探针的针尖位于同一直线上，并且间距相等，设 $r_{12} = r_{24} = r_{34} = S$，则有 $\rho = \frac{V_{23}}{I}2\pi S$。需要指出的是：这一公式是在半无限大样品的基础上导出的，实用中必须满足样品厚度及边缘与探针之间的最近距离大于四倍探针间距，这样才能使该式具有足够的精确度。如果被测样品不是半无穷大，而是厚度一定，进一步的分析表明，在四探针法中只要对公式引入适当的修正系数 B_0 即可，此时

图 17.3　四探针测量原理

$$\rho=\frac{V_{23}}{IB_0}2\pi S \tag{17.10}$$

另一种情况是极薄样品，极薄样品是指样品厚度 d 比探针间距小很多，而横向尺寸为无穷大的样品，这时从探针 1 流入和从探针 4 流出的电流，其等位面近似为高为 d 的圆柱面。任一等位面的半径设为 r，类似于上面对半无穷大样品的推导，利用无限大二维模型，很容易得出当 $r_{12}=r_{23}=r_{34}=S$ 时，极薄样品的电阻率为

$$\rho=\left(\frac{\pi}{\ln 2}\right)d\frac{V_{23}}{I}=4.5324d\frac{V_{23}}{I} \tag{17.11}$$

式（17.11）说明，对于极薄样品，在等间距探针情况下，探针间距和测量结果无关，电阻率和被测样品的厚度 d 成正比。就本实验而言，当 1，2，3，4 四根金属探针排成一直线且以一定压力压在半导体材料上，在 1，4 两处探针间通过电流 I，则 2，3 探针间产生电位差 V_{23}。材料电阻率

$$\rho=\frac{V_{23}}{I}2\pi S=\frac{V_{23}}{I}C \tag{17.12}$$

式中，S 为相邻两探针 1 与 2、2 与 3、3 与 4 之间的间距，就本实验而言，$S=1$ mm，$C\approx(6.28\pm 0.05)$ mm。若电流取 $I=C$，则 $\rho=V$，可由数字电压表直接读出。

2. 扩散层薄层电阻（方块电阻或面电阻）的测量

半导体工艺中普遍采用四探针法测量扩散层的薄层电阻，由于反向 PN 结的隔离作用，扩散层下的衬底可视为绝缘层，对于扩散层厚度（即结深 X_J）远小于探针间距 S，而横向尺寸无限大的样品，则薄层电阻率为

$$\rho=\frac{2\pi S}{B_0}\cdot\frac{V}{I} \tag{17.13}$$

实际工作中，我们直接测量扩散层的薄层电阻，又称方块电阻或面电阻，其定义就是表面为正方形的半导体薄层，在电流方向所呈现的电阻，如图 17.4 所示。

所以

$$R_s=\rho\frac{I}{I\cdot X_J}=\frac{\rho}{X_J} \tag{17.14}$$

因此有

$$R_s=\frac{\rho}{X_J}=4.5324\frac{V_{23}}{I} \tag{17.15}$$

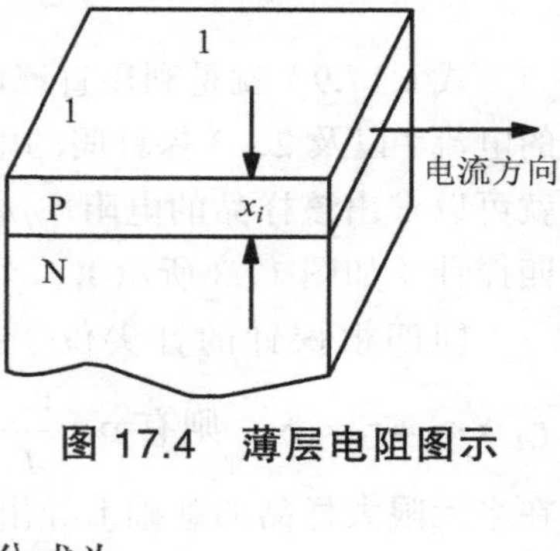

图 17.4　薄层电阻图示

实际的扩散片尺寸一般不是很大，并且实际的扩散片又有单面扩散与双面扩散之分，因此，需要进行修正，修正后的公式为

$$R_s=B_0\frac{V_{23}}{I} \tag{17.16}$$

四、实验内容及步骤

（1）预热：打开 SB118 恒流源和 PZ158A 电压表的电源开关（或四探针电阻率测试仪的电源开关），使仪器预热 30 min。

（2）放置待测样品：首先拧动四探针支架上的铜螺柱，松开四探针与小平台的接触，将样品置于小平台上，然后再拧动四探针支架上的铜螺柱，使四探针的所有针尖同样品构成良好的接触即可。

（3）联机：将四探针的四个接线端子，分别接入相应的正确的位置，即接线板上最外面的端子，对应于四探针的最外面的两根探针，应接入 SB118 恒流源的电流输出孔上，二接线板上内侧的两个端子，对应于四探针的内侧的两根探针，应接在 PZ158A 电压表的输入孔上。

（4）测量：使用 SB118 恒流源部分，选择合适的电流输出量程，以及适当调节电流（粗调及细调），可以在 PZ158A 上测量出样品在不同电流值下的电压值，利用公式（17.15）即可计算出被测样品的电阻率 ρ。

五、注意事项

（1）Si 片很脆，请同学们小心轻放；当探针快与 Si 片接触时，用力要很小，以免损坏探针及硅片。

（2）要选择合适的电流量程开关，否则窗口无读数。

（3）每次测量应等所有数值稳定后方可进行下一次测量。

六、思考题

（1）测量电阻有哪些方法？

（2）什么是体电阻、方块电阻（面电阻）？

（3）四探针法测量材料的电阻的原理是什么？

（4）四探针法测量材料电阻的优点是什么？

（5）本实验中哪些因素能够使实验结果产生误差？

（6）为什么要用四探针进行测量，如果只用两根探针既作电流探针又作电压探针，是否能够对样品进行较为准确的测量？

实验十八　椭圆偏振仪测量薄膜厚度和折射率实验

在近代科学技术的许多部门中对各种薄膜的研究和应用日益广泛。因此，更加精确和迅速地测定一给定薄膜的光学参数已变得更加迫切和重要。在实际工作中，虽然可以利用各种传统的方法测定光学参数（如布儒斯特角法测介质膜的折射率、干涉法测膜厚等），但椭圆偏振法（简称椭偏法）具有独特的优点，是一种较灵敏（可探测生长中的薄膜小于 0.1 nm 的厚度变化）、精度较高（比一般的干涉法高一至二个数量级）、并且是非破坏性测量，是一种先进的测量薄膜纳米级厚度的方法。它能同时测定膜的厚度和折射率（以及吸收系数）。因而，目前椭圆偏振法测量已在光学、半导体、生物、医学等诸方面得到较为广泛的应用。这个方法的原理几十年前就已被提出，但由于计算过程太复杂，一般很难直接从测量值求得方程的解析解。直到计算机广泛应用以后，才使该方法具有了新的活力。目前，该方法的应用仍处在不断发展中。

一、实验目的

（1）了解椭圆偏振法测量薄膜参数的基本原理。
（2）初步掌握椭圆偏振仪的使用方法，并对薄膜厚度和折射率进行测量。

二、实验仪器

椭圆偏振仪。

三、实验原理

椭偏法测量的基本思路是，起偏器产生的线偏振光经取向一定的 1/4 波片后成为特殊的椭圆偏振光，把它投射到待测样品表面时，只要起偏器取适当的透光方向，待测样品表面反射出来的光将会是线偏振光。根据偏振光在反射前后的偏振状态变化，包括振幅和相位的变化，便可以确定样品表面的许多光学特性。

1. 椭偏方程与薄膜折射率和厚度的测量

使一束自然光经起偏器变成线偏振光，再经 1/4 波片，使它变成椭圆偏振光入射在待测样品的膜面上。反射时，光的偏振状态将发生变化。通过检测这种变化，便可以推算出待测膜面的某些光学参数。

1）椭偏方程与薄膜折射率和厚度的测量
如图 18.1 所示为一光学均匀和各向同性的单层介质膜。它有两个平行的界面。通常，上

部是折射率为 n_1 的空气（或真空）。中间是一层厚度为 d 折射率为 n_2 的介质薄膜，均匀地附在折射率为 n_3 的衬底上。当一束光射到膜面上时，在界面 1 和界面 2 上形成多次反射和折射，并且各反射光和折射光分别产生多光束干涉。其干涉结果反映了膜的光学特性。

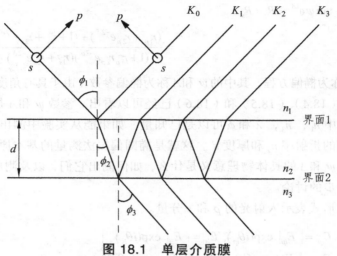

图 18.1　单层介质膜

设 ϕ_1 表示光的入射角，ϕ_2 和 ϕ_3 分别为在界面 1 和 2 上的折射角。根据折射定律有

$$n_1 \sin\phi_1 = n_2 \sin\phi_2 = n_3 \sin\phi_3 \qquad (18.1)$$

光波的电矢量可以分解成在入射面内振动的 p 分量和垂直于入射面振动的 s 分量。若用 E_{ip} 和 E_{is} 分别代表入射光的 p 和 s 分量，用 E_{rp} 及 E_{rs} 分别代表各束反射光 K_0，K_1，K_2，…中电矢量的 p 分量之和及 s 分量之和，则膜对两个分量的总反射系数 R_p 和 R_s 定义为

$$R_p = E_{rp}/E_{ip} \quad 和$$

$$R_s = E_{rs}/E_{is} \qquad (18.2)$$

经计算可得

$$E_{rp} = (r_{1p} + r_{2p}e^{-i2\delta})(1 + r_{1p}r_{2p}e^{-i2\delta})E_{ip} \qquad 和$$

$$E_{rs} = (r_{1s} + r_{2s}e^{-i2\delta})/(1 + r_{1s}r_{2s}e^{-i2\delta})E_{is} \qquad (18.3)$$

式中，r_{1p} 或 r_{1s} 和 r_{2p} 或 r_{2s} 分别为 p 或 s 分量在界面 1 和界面 2 上一次反射的反射系数。2δ 为任意相邻两束反射光之间的位相差。

根据电磁场的麦克斯韦方程和边界条件可以证明

$$r_{1p} = \tan(\phi_1-\phi_2)/\tan(\phi_1+\phi_2),\ r_{1s} = -\sin(\phi_1-\phi_2)/\sin(\phi_1+\phi_2)$$

$$r_{2p} = \tan(\phi_2-\phi_3)/\tan(\phi_2+\phi_3),\ r_{2s} = -\sin(\phi_2-\phi_3)/\sin(\phi_2+\phi_3) \qquad (18.4)$$

式（18.4）即菲涅尔反射系数公式。由相邻两反射光束间的程差，不难算出

$$2\delta = 4\pi d/\lambda n_2 \cos\phi_2 = 4\pi d/\lambda(n_2^2-n_1^2 \sin^2\phi_1)^{1/2} \qquad (18.5)$$

式中，λ 为真空中的波长，d 和 n_2 为介质膜的厚度和折射率，各 ϕ 角的意义同前。

在椭圆偏振法测量中，为了简便，通常引入另外两个物理量 ψ 和 Δ 来描述反射光偏振态的变化。它们与总反射系数的关系定义如下：

$$\tan\psi e^{i\Delta} = R_p / R_s \tag{18.6a}$$

$$= \frac{(r_{1p} + r_{2p}e^{-2\delta}) + (1 + r_{1s} + r_{2s}e^{-2\delta})}{(1 + r_{1p}r_{2p}e^{-2\delta})(r_{1s} + r_{2s}e^{-2\delta})} \tag{18.6b}$$

式（18.6）简称为椭偏方程，其中的 ψ 和 Δ 称为椭偏参数（由于具有角度量纲也称椭偏角）。

由式（18.1）、（18.4）、（18.5）和（18.6）已经可以看出，参数 ψ 和 Δ 是 n_1，n_2，n_3，ϕ_1，λ 和 d 的函数，其中 n_1，n_3，λ 和 ϕ_1 可以是已知量。如果能从实验中测出 ψ 和 Δ 的值，原则上就可以算出薄膜的折射率 n_2 和厚度 d。这就是椭圆偏振法测量的基本原理。

实际上，究竟 ψ 和 Δ 的具体物理意义是什么，如何测出它们，以及测出后又如何得到 n_2 和 d，均须作进一步的讨论。

（2）现用复数形式表示入射光的 p 和 s 分量。

$$\left.\begin{array}{l} E_{ip} = |E_{ip}| \exp(i\theta_{ip}), E_{is} = |E_{is}| \exp(i\theta_{is}) \\ E_{rp} = |E_{rp}| \exp(i\theta_{rp}), E_{rs} = |E_{rs}| \exp(r\theta_{rs}) \end{array}\right\} \tag{18.7}$$

式中，各绝对值为相应电矢量的振幅，各 θ 值为相应界面处的位相。

由（18.6a），（18.2）和（18.7）式可以得到

$$\tan\psi e^{i\Delta} = |E_{rp}||E_{is}|/(|E_{rs}||E_{ip}|)\exp\left\{i\left[(\theta_{rp} - \theta_{rs}) - (\theta_{ip} - \theta_{is})\right]\right\} \tag{18.8}$$

比较等式两端即可得

$$\tan\psi = |E_{rp}| \; |E_{is}|/(|E_{rs}| \; |E_{ip}|) \tag{18.9}$$

$$\Delta = [(\theta_{rp} - \theta_{rs}) - (\theta_{ip} - \theta_{is})] \tag{18.10}$$

式（18.9）表明，参量与反射前后 p 和 s 分量的振幅比有关。而（18.10）式表明，参量 Δ 与反射前后 p 和 s 分量的位相差有关。可见，ψ 和 Δ 直接反映了光在反射前后偏振态的变化。一般规定，ψ 和 Δ 的变化范围分别为 $0 \leqslant \psi < \pi/2$ 和 $0 \leqslant \Delta \leqslant 2\pi$。

当入射光为椭圆偏振光时，反射后一般为偏振态（指椭圆的形状和方位）发生了变化的椭圆偏振光（除开 $\psi = \pi/4$ 且 $\Delta = 0$ 的情况）。为了能直接测得 ψ 和 Δ，须将实验条件做某些限制以使问题简化。也就是要求入射光和反射光满足以下两个条件：

① 要求入射在膜面上的光为等幅椭圆偏振光（即 p 和 s 二分量的振幅相等）。这时，$|E_{ip}|/|E_{is}| = 1$，公式（18.9）则简化为

$$\tan\psi = |E_{rp}|/|E_{rs}| \tag{18.11}$$

② 要求反射光为一线偏振光。也就是要求 $(\theta_{rp} - \theta_{rs}) = 0$（或 π），公式（18.10）则简化为

$$\Delta = -(\theta_{ip} - \theta_{is}) \tag{18.12}$$

142

满足后一条件并不困难，因为对某一特定的膜，总反射系数比 R_p/R_s 是一定值。公式（18.6a）决定了 Δ 也是某一定值。根据式（18.10）可知，只要改变入射二分量的位相差（$\theta_{ip}-\theta_{is}$），直到大小为一适当值（具体方法见后面的叙述），就可以使（$\theta_{rp}-\theta_{rs}$）=0（或 π），从而使反射光变成一线偏振光。利用检偏器可以检验此条件是否已满足。

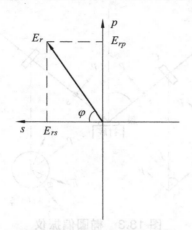

图 18.2　电场矢量的分解

以上两条件都得到满足时，公式（18.11）表明，$\tan\psi$ 恰好是反射光的 p 和 s 分量的幅值比，ψ 是反射光线偏振方向与 s 方向间的夹角，如图 18.2 所示。公式（18.12）则表明，Δ 恰好是在膜面上的入射光中 s 和 p 分量之间的位相差。

2）ψ 和 Δ 的测量

实现椭圆偏振法测量的仪器称为椭圆偏振仪（简称椭偏仪），它的光路原理如图 18.3 所示。由氦氖激光管发出的波长为 632.8 nm 的自然光，先后通过起偏器 Q、1/4 波片 C 入射在待测薄膜 F 上，反射光通过检偏器 R 射入光电接收器 T。如前所述，p 和 s 分别代表平行和垂直于入射面的二个方向。T 代表 Q 的偏振方向，f 代表 C 的快轴方向，t_r 代表 R 偏振方向。无论起偏器的方位如何，经过它获得的线偏振光再经过 1/4 波片后一般成为椭圆偏振光。为了在膜面上获得 p 和 s 二分量等幅的椭圆偏振光，只需转动 1/4 波片，使其快轴方向 f 与 s 方向的夹角 $\alpha=\pm\pi/4$ 即可（参看后面）。为了进一步使反射光变成为一线偏振光 E_r，可转动起偏器，使它的偏振方向 t 与 s 方向间的夹角 P_1 为某些特定值。这时，如果转动检偏器 R，使它的偏振方向 t_r 与 E_r 垂直，则仪器处于消光状态，光电接收器 T 接收到的光强最小，检流计的示值也最小。本实验中所使用的椭偏仪，可以直接测出消光状态下的起偏角 P_1 和检偏方位角 ψ。从公式（18.12）可见，要求出 Δ，还必须求出 P_1 与（$\theta_{ip}-\theta_{is}$）的关系。

下面就上述的等幅椭圆偏振光的获得及 P_1 与 Δ 的关系作进一步的说明。设已将 1/4 波片置于其快轴方向 f 与 s 方向间夹角为 $\pi/4$ 的方位。E_0 为通过起偏器后的电矢量，P_1 为 E_0 与 s 方向间的夹角（以下简称起偏角）。令 γ 表示椭圆的开口角（即两对角线间的夹角）。由晶体光学可知，通过 1/4 波片后，E_0 沿快轴的分量 E_f 与沿慢轴的分量 E_i 比较，位相上超前 $\pi/2$。用数学式可以表达成

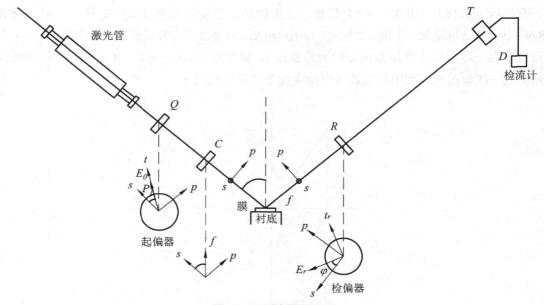

图 18.3　椭圆偏振仪

$$E_f = E_0\cos(\pi/4 - P_1)e^{i\pi/2} = i\,E_0\cos(\pi/4 - P_1) \qquad (18.13)$$

$$E_1 = E_0\sin(\pi/4 - P_1) \qquad (18.14)$$

从它们在 p 和 s 两个方向上的投影可得到沿 p 和 s 的电矢量分别为

$$E_{ip} = E_f\cos\pi/4 - E_1\cos\pi/4 = (1/2)^{1/2}\,E_0 e^{i(3\pi/4 - P_1)} \qquad (18.15)$$

$$E_{is} = E_f\sin\pi/4 + E_1\sin\pi/4 = (1/2)^{1/2}\,E_0 e^{i(\pi/4 + P_1)} \qquad (18.16)$$

由（18.15）和（18.16）式看出，当 1/4 波片放置在 $+\pi/4$ 角位置时，的确在 p 和 s 二方向上得到了幅值均为 $(1/2)^{1/2}E_0$ 的椭圆偏振入射光。p 和 s 的位差为

$$\theta_{ip} - \theta_{is} = \pi/2 - 2P_1 \qquad (18.17)$$

另一方面，从几何关系可以得出，开口角 γ 与起偏角 P_1 的关系为 $\gamma/2 = \pi/4 - P_1$。于是

$$\gamma = \pi/2 - 2P_1 \qquad (18.18)$$

则（18.17）式变为

$$\theta_{ip} - \theta_{is} = \gamma \qquad (18.19)$$

由（18.12）式可得

$$\Delta = -(\theta_{ip} - \theta_{is}) = -\gamma \qquad (18.20)$$

至于检偏方位角 ψ，可以在消光状态下直接读出。

在测量中，为了提高测量的准确性，常常不是只测一次消光状态所对应的 P_1 和 ψ_1 值，而是将四种（或两种）消光位置所对应的四组（P_1，ψ_1），（P_2，ψ_2），（P_3，ψ_3）和（P_4，ψ_4）值

测出，经处理后再算出Δ和ψ值。其中，（P_1，ψ_1）和（P_2，ψ_2）所对应的是 1/4 波片快轴相对于 s 方向置$+\pi/4$时的两个消光位置（反射后 p 和 s 光的位相差为 0 或为π时均能合成线偏振光）。而（P_3，ψ_3）和（P_4，ψ_4）对应的是 1/4 波片快轴相对于 s 方向置$-\pi/4$时的两个消光位置。另外，还可以证明下列关系成立：$|P_1-P_2|=90°$，$\psi_2=-\psi_1$；$|P_3-P_4|=90°$，$\psi_4=-\psi_3$。

求ψ和Δ的方法如下所述。

（1）计算Δ值：将P_1，P_2，P_3和P_4中大于 90°的减去 90°，不大于 90°的保持原值，并分别记为$\{P_1\}$，$\{P_2\}$，$\{P_3\}$和$\{P_4\}$，然后分别求平均。计算中，令

$$P_1'=(\{P_1\}+\{P_2\})/2 \quad 和 \quad P_3'=(\{P_3\}+\{P_4\})/2 \tag{18.21}$$

而椭圆开口角γ与P_1'和P_3'的关系为

$$\gamma=|P_1'-P_3'| \tag{18.22}$$

由公式（18.22）算得γ后，再按式（18.20）求得Δ值。

（2）计算ψ值：应按公式（18.23）进行计算

$$\psi=(|\psi_1|+|\psi_2|+|\psi_3|+|\psi_4|)/4 \tag{18.23}$$

3）折射率n_2和膜厚d的计算

尽管在原则上由ψ和Δ能算出n_2和d，但实际上要直接解出（n_2，d）和（Δ，ψ）的函数关系式是很困难的。一般在n_1和n_2均为实数（即为透明介质的），并且已知衬底折射率n_3（可以为复数）的情况下，将（n_2，d）和（Δ，ψ）的关系制成数值表或列线图而求得n_2和d值。编制数值表的工作通常由计算机来完成。制作的方法是，先测量（或已知）衬底的折射率n_3，取定一个入射角ϕ_1，设一个n_2的初始值，令δ从 0 变到 180°（变化步长可取 1°，2°，…等），利用公式（18.4）、（18.5）、（18.6），便可分别算出d，Δ和ψ的值。然后将n_2增加一个小量进行类似计算。如此继续下去便可得到（n_2，d）～（Δ，ψ）的数值表。为了使用方便，常将数值表绘制成列线图。用这种查表（或查图）求n_2和d的方法，虽然比较简单方便，但误差较大，故目前日益广泛地采用计算机直接处理数据。

另外，求厚度 d 时还需要说明一点：当n_1和n_2为实数时，式（18.5）中的ϕ_2为实数，两相邻反射光线间的位相差2δ亦为实数，其周期为2π。2δ可能随着d的变化而处于不同的周期中。若令$2\delta=2\pi$时对应的膜层厚度为第一个周期厚度d_0，由（18.5）式可以得到

$$d_0=\lambda/[2(n_2^2-n_1^2\sin^2\phi_1)^{1/2}] \tag{18.25}$$

由数值表，列线图或算出的d值均是第一周期内的数值。若膜厚大于d_0，可用其他方法（如干涉法）确定所在的周期数j，则总膜厚是

$$D=(j-1)d_0+d \tag{18.26}$$

4）金属复折射率的测量

以上讨论的主要是透明介质膜光学参数的测量，膜对光的吸收可以忽略不计，因而折射率为实数。金属是导电媒质，电磁波在导电媒质中传播要衰减，故各种导电媒质中都存在不

同程度的吸收。理论表明，金属的介电常数是复数，其折射率也是复数。现表示为

$$n_2^* = n_2 - ik \qquad (18.27)$$

式中，实部 n_2 并不相当于透明介质的折射率。换句话说，n_2 的物理意义不对应于光在真空中速度与介质中速度的比值，所以也不能从它导出折射定律。式中 k 称为吸收系数。

这里有必要说明的是，当 n_2^* 为复数时，一般 ϕ_1 和 ϕ_2 也为复数。折射定律在形式上仍然成立，前述的菲涅尔反射系数公式和椭偏方程也成立。这时仍然可以通过法求得参量 d，n_2 和 k，但计算过程却要繁复得多。

本实验仅测厚金属铝的复折射率。为使计算简化，将（18.27）式改写成以下形式

$$n_2^* = N - iNK \qquad (18.28)$$

由于待测厚金属铝的厚度 d 与光的穿透深度相比大得多，在膜层第二个界面上的反射光可以忽略不计。因而可以直接引用单界面反射的菲涅尔反射系数公式（18.4）。经推算后得

$$N \approx \frac{n_1 \sin\phi_1 \tan\phi_1 \cos 2}{\psi_1} \qquad (18.29)$$

$$K \approx \tan 2\psi \sin\Delta \qquad (18.30)$$

式中，n_1，ϕ_1 和 Δ 的意义均与透明介质情况下相同。

4．实验内容及步骤

关于椭偏仪的具体结构和使用方法，请参看仪器说明书。

实验时为了减小测量误差，不但应将样品台调水平，还应尽量保证入射角 ϕ_1 放置的准确性，保证消光状态的灵敏判别。

另外，以下的测量均是在波长为 632.8 nm 时的参数．而且，所有测量均是光从空气介质入射到膜面。

（1）测厚铝膜的复折射率。

取入射角 $\phi_1 = \pi/3$，按已述方法测得 Δ 和 ψ。

由式（18.28）和式（18.29）式算出 n 和 K 值，并写出折射率的实部和虚部。

（2）测硅衬底上二氧化硅膜的折射率和厚度。

已知衬底硅的复折射率为 $n_3 = 3.85 - 0.02i$，取入射角 $\phi_1 = 7\pi/18$。二氧化硅膜只有实部。膜厚在第一周期内。

测出 Δ 和 ψ 后，利用列线图（或数值表）和计算机求出 n_2 和 d，将两种方法的结果进行对比。并计算膜的一个周期厚度值 d_0。

（3）测量 $K0$ 玻璃衬底上氟化镁（$MgF2$）膜层的折射率和厚度。

① 测 $K0$ 玻璃的折射率。

首先测出无膜时 $K0$ 玻璃的 Δ 和 ψ 值，然后代入 $n_3 = n_3(\Delta, \psi, \phi_1)$ 的关系式中算出 n_3 值，测量时入射角取 $\phi_1 = 7\pi/18$。

关于 n_3 与三个参量的关系式，根据式（18.1）、式（18.4）、式（18.5）和式（18.6），并令膜厚 $d=0$，便可以算出 n_3 的实部 n_0 的平方值和 n_3 的虚部 k 值。

146

② 测透明介质膜氟化镁的折射率和厚度仍取入射角 $\phi_1 = 7\pi/18$。膜厚在第一周期内，测出 Δ 和 ψ 后也用列线图和计算机求出结果。

五、注意事项

（1）眼睛不要直视激光。

（2）禁止用手触摸光学仪器表面，光学仪器调整好后不要再挪动。

（3）转动激光器应均匀用力，以免损坏后面接线。

六、思考题

（1）用椭偏仪测薄膜的厚度和折射率时，对薄膜有何要求？

（2）在测量时，如何保证 ϕ_1 较准确？

（3）试证明： $|P_1 - P_2| = \pi/2$ ， $|P_3 - P_4| = \pi/2$ 。

（4）若须同时测定单层膜的三个参数（折射率 n_2，厚度 d 和吸收系数 K），应如何利用椭偏方程？

实验十九　压电陶瓷特性测量实验

　　压电陶瓷受到微小外力作用时，能把机械能变成电能（正压电效应），当加上电压时，又会把电能变成机械能（逆压电效应）。它通常由几种氧化物或碳酸盐在烧结过程中发生固相反应而形成，其制造工艺与普通的电子陶瓷相似。与其他压电材料相比，具有化学性质稳定，易于掺杂、方便塑形的特点，已被广泛应用到与人们生活息息相关的许多领域，遍及工业、军事、医疗卫生、日常生活等。利用铁电陶瓷的高介电常数可制作大容量的陶瓷电容器；利用其压电性可制作各种压电器件；利用其热释电性可制作人体红外探测器；通过适当工艺制成的透明铁电陶瓷具有电控光特性，利用它可制作存贮，显示或开关用的电控光特性器件。通过物理或化学方法制备的 PZT、PLZT 等铁电薄膜，在电光器件、非挥发性铁电存储器件等有重要用途。

　　迈克尔孙干涉仪是一种常见的实验仪器，经常用来测量光的波长、某些物质的折射率等，主要原理是通过改变两路干涉光的光程差而引起干涉条纹的移动。本实验以迈克尔逊干涉仪为基础，采用激光干涉方法，对压电陶瓷的压电特性进行观察和研究，并可获得干涉光强的分布，从而进一步理解迈克尔逊原理，掌握压电陶瓷的特性和微小位移的测量手段。

一、实验目的

（1）了解压电陶瓷的性能参数。
（2）了解迈克尔逊干涉仪的工作原理，掌握迈克尔逊干涉仪的使用方法。
（3）掌握压电陶瓷微位移测量方法。

二、实验仪器

迈克尔逊干涉仪，压电陶瓷组件，压电陶瓷电箱。

三、实验原理

1. 压电陶瓷的特性

压电陶瓷是由多晶结构的压电材料（如石英）等在一定的温度下经过极化处理制成的。它具有压电效应，当受到于极化方向一致的、有限大小的应力 T 的时候，在极化方向上产生一定的，与应力 T 成线性关系的电场强度：

$$E=gT \tag{19.1}$$

当与极化方向一致，有限大小的电压 U 加到压电材料上时，材料的伸缩变化 S 与 U 成简单的线性关系：

$$S=dU \tag{19.2}$$

式中，g 为比例系数，d 为压电常量，与材料的性质有关。

2. 迈克尔逊干涉

如图 19.1 所示，从光源 S 发出的光束射向背面镀有半透膜的分束器 BS，经该处反射和透射分成两路进行，一路被平面镜 M_1 反射回来，另一路通过补偿板 CP 后被平面镜 M_2 反射，沿原路返回，两光束在 BS 处会合发生干涉，观察者从 E 处可见明暗相间的干涉图样。M_2' 是 M_2 的虚像，图示迈克耳孙干涉仪光路相当于 M_1 和 M_2' 之间的空气平行平板的干涉光路。平行于 BS 的补偿板与 BS 有相同的厚度和折射率，它使两光束在玻璃中的路程相等，且使不同波长的光具有相同的光程差，所以有利于白光的干涉。

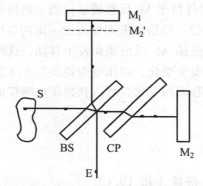

图 19.1　迈克尔逊干涉仪光路图

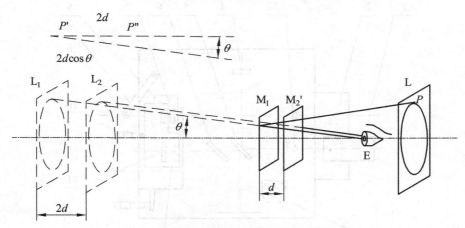

图 19.2　干涉仪圆条纹的形成

这种干涉仪圆条纹的形成可用图 19.2 来说明。图中 M_2' 是仪器原有镜面经 BS 反射形成的虚像，与 M_1 平行。实际干涉仪中有好几次反射，为了简化，设想扩展光源位于观察两者背后 L 处。它经过 M_1 和 M_2' 后形成 L_1 和 L_2 两个虚光源是相干的，因两者各对应点的相位在任何时刻都相同。设 d 为 M_1 和 M_2' 的距离，则二虚光源距离为 $2d$，因此，若 $d=\lambda/2$ 的整数倍，

149

即，$2d=\lambda$的整数倍时从镜面法线方向反射的光线相位都是相同的，但以某一角度从镜面反射的光线，相位一般并不相同，从两个对应点 P' 和 P'' 到眼睛的光线有光程差 $2d\cos\theta$，当M_1 和 M'_2 平行时，二光线 θ 角相同，二光线也平行。因此，如用眼睛对平行光束调焦（这种情况下，特别是 d 很大时，最好用小望远镜），则当 θ 满足

$$2d\cos\theta = m\lambda \tag{19.3}$$

时，它们就能相互加强而形成极大。对一定的 m、λ 和 d 值，θ 应是一个常量，所以极大点的轨迹形成圆环。圆心位于从眼睛到镜面的垂足上。

根据上述条件，当 θ 减小，它的余弦随之增大，又会有比 m 大 1，2…的各级极大，于是屏上就会出现一系列各级极大的同心圆环。值得注意，式（19.3）不仅适用于双光束干涉，也适用于多光束干涉。

3. 迈克尔孙干涉仪在压电陶瓷上的应用

在图 19.1 中，压电陶瓷组件位于 M_1 反射镜后，当未给压电陶瓷施加电压的时候，调节光路使得白屏 E 处出现干涉条纹，当给压电陶瓷施加一定的电压后，由于压电陶瓷产生了一定的形变，使得与压电陶瓷相连接 M_1 反射镜面发生移动，这样就改变了迈克尔孙中两光路的光程差，从而使得干涉条纹发生变化，当压电陶瓷发生 $\lambda/2$ 的变化后，干涉条纹便会移动一条条纹，通过测量干涉条纹移动的变化，可以获得压电陶瓷的形变大小，进而可以得到压电陶瓷的压电常量。

四、实验内容及步骤

1. 迈克尔逊干涉仪光路搭建（图 19.3）

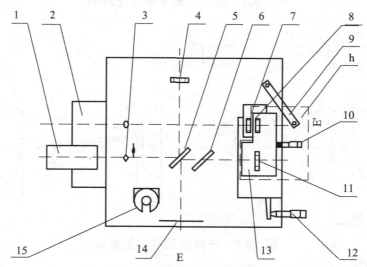

1—氦氖激光器；2—侧平板；3—扩束器；4—固定镜带压电陶瓷组件；5—分束器；6—补偿板；7—F-P 固定镜；8—F-P 动镜；9—旋臂架；10—动镜预置螺旋；11—动镜；12—测微螺旋；13—动镜拖；14—白屏；15—压力表座。

图 19.3　光路搭建原理图

150

将扩束器（3）转移到迈克耳孙光路以外，装好毛玻璃屏（14）。调节氦氖激光器支架，配合"光靶"使光束平行于仪器的台面，从分束器（5）平面的中心入射，使各光学镜面的入射和出射点至台面的距离约为 70 mm，并以此为准，调节平面镜 M_1 和 M_2 的倾斜，使两组光点重合在毛玻璃屏中央。然后再将扩束器置入光路，即可在毛玻璃屏上获得干涉条纹。

2. 压电陶瓷特性研究

待迈克尔孙干涉条纹出现，即可接通压电陶瓷电源，此时加载在压电陶瓷上的电压应该为最小 0 V，然后缓慢旋转电压调节旋钮，并同时观察此时干涉环的变化，每移动一条干涉条纹的时候记录一次，电压加载至 220 V 左右的时候停止，此时记录下条纹移动的数目 N。

由于每移动一个干涉条纹，压电陶瓷移动的距离为 $\lambda/2$，在电压加至 V 的时候，出现了 N 个干涉条纹。则应变系数

$$\alpha = N\lambda/2V \quad (\text{nm/V}) \qquad (19.4)$$

五、注意事项

（1）使用氦氖激光器做光源时，眼睛不可以直接面对光束传播方向凝视。接收观测激光干涉条纹，必须使用白璃屏，不可用肉眼直接观察，以免视网膜受到伤害。

（2）压电陶瓷加电后，切勿用手去触摸反射镜，以免发生触电危险。

六、思考题

（1）正压电常数和逆压电常数的物理含义分别是什么？

（2）迈克尔逊干涉仪的干涉图样有什么特点？

（3）用迈克尔逊干涉法测量时，若用黄光或白光代替氦氖激光，干涉图样会有什么变化？

实验二十　巨磁阻效应实验

物质在一定磁场下电阻改变的现象，称为"磁阻效应"，磁性金属和合金材料一般都有这种磁电阻现象，通常情况下，物质的电阻率在磁场中仅产生轻微的减小；在某种条件下，电阻率减小的幅度相当大，比通常磁性金属与合金材料的磁电阻值约高10余倍，称为"巨磁阻效应"（GMR）；而在很强的磁场中某些绝缘体会突然变为导体，称为"超巨磁阻效应"（CMR）。

巨磁阻效应自从被发现以来就被用于开发研制用于硬磁盘的体积小而灵敏的数据读出头（Read Head）。这使得存储单字节数据所需的磁性材料尺寸大为减小，从而使得磁盘的存储能力得到大幅度的提高。第一个商业化生产的数据读取探头是由IBM公司于1997年投放市场的，到目前为止，巨磁阻技术已经成为全世界几乎所有电脑、数码相机、MP3播放器的标准技术。

2007年10月，科学界的最高盛典—瑞典皇家科学院颁发的诺贝尔奖揭晓了。法国科学家阿尔贝费尔和德国科学家彼得格林贝格尔因分别独立发现巨磁阻效应而共同获得2007年诺贝尔物理学奖。瑞典皇家科学院在评价这项成就时表示，诺贝尔物理学奖主要奖励"用于读取硬盘数据的技术，得益于这项技术，硬盘在近年来迅速变得越来越小"。

一、实验目的

（1）了解巨磁阻的原理。
（2）测量巨磁阻模拟传感器的磁电转换特性曲线。
（3）测量巨磁阻的磁阻特性曲线。
（4）测量巨磁阻数字传感器的磁电转换特性曲线。
（5）用巨磁电阻传感器测量电流。
（6）用巨磁电阻梯度传感器测量齿轮的角位移，了解巨磁电阻速度传感器的原理。
（7）通过实验了解磁记录与读出的原理。

二、实验仪器

ZKY-JCZ巨磁电阻效应及应用实验仪，基本特性组件，电流测量组件，角位移测量组件，磁读写组件。

三、实验原理

根据导电的微观机理，电子在导电时并不是沿电场直线前进，而是不断和晶格中的原子产生碰撞（又称散射），每次散射后电子都会改变运动方向，总的运动是电场对电子的定向加速与这种无规则散射运动的叠加。称电子在两次散射之间走过的平均路程为平均自由程，电子散射概率小，则平均自由程长，电阻率低。电阻定律 $R=\rho l/S$ 中，把电阻率 ρ 视为常数，与材料的几何尺度无关，这是因为通常材料的几何尺度远大于电子的平均自由程（例如铜中电子的平均自由程约 34 nm），可以忽略边界效应。当材料的几何尺度小到纳米量级，只有几个原子的厚度时（例如，铜原子的直径约为 0.3 nm），电子在边界上的散射概率大大增加，可以明显观察到厚度减小，电阻率增加的现象。

电子除携带电荷外，还具有自旋特性，自旋磁矩有平行或反平行于外磁场两种可能取向。早在 1936 年，英国物理学家、诺贝尔奖获得者 N.F.Mott 指出：在过渡金属中，自旋磁矩与材料的磁场方向平行的电子,所受散射概率远小于自旋磁矩与材料的磁场方向反平行的电子。总电流是两类自旋电流之和；总电阻是两类自旋电流的并联电阻，这就是所谓的两电流模型。

在图 20.1 所示的多层膜结构中，无外磁场时，上下两层磁性材料是反平行（反铁磁）耦合的。施加足够强的外磁场后，两层铁磁膜的方向都与外磁场方向一致，外磁场使两层铁磁膜从反平行耦合变成了平行耦合。电流的方向在多数应用中是平行于膜面的。

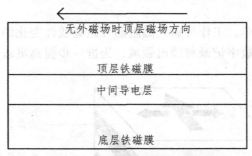

图 20.1　多层膜 GMR 结构图

图 20.2 是图 20.1 结构的某种 GMR 材料的磁阻特性。由图可见，随着外磁场增大，电阻逐渐减小，其间有一段线性区域。当外磁场已使两铁磁膜完全平行耦合后，继续加大磁场，电阻不再减小，进入磁饱和区域。磁阻变化率 $\Delta R/R$ 达百分之十几，加反向磁场时磁阻特性是

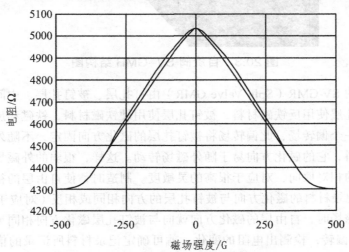

图 20.2　某种 GMR 材料的磁阻特性

153

对称的。注意到图 20.2 中的曲线有两条，分别对应增大磁场和减小磁场时的磁阻特性，这是因为铁磁材料都具有磁滞特性。

有两类与自旋相关的散射对巨磁电阻效应有贡献。

其一，界面上的散射。无外磁场时，上下两层铁磁膜的磁场方向相反，无论电子的初始自旋状态如何，从一层铁磁膜进入另一层铁磁膜时都面临状态改变（平行-反平行，或反平行—平行），电子在界面上的散射概率很大，对应于高电阻状态。有外磁场时，上下两层铁磁膜的磁场方向一致，电子在界面上的散射概率很小，对应于低电阻状态。

其二，铁磁膜内的散射。即使电流方向平行于膜面，由于无规散射，电子也有一定的概率在上下两层铁磁膜之间穿行。无外磁场时，上下两层铁磁膜的磁场方向相反，无论电子的初始自旋状态如何，在穿行过程中都会经历散射概率小（平行）和散射概率大（反平行）两种过程，两类自旋电流的并联电阻相似两个中等阻值的电阻的并联，对应于高电阻状态。有外磁场时，上下两层铁磁膜的磁场方向一致，自旋平行的电子散射概率小，自旋反平行的电子散射概率大，两类自旋电流的并联电阻相似一个小电阻与一个大电阻的并联，对应于低电阻状态。

多层膜 GMR 结构简单，工作可靠，磁阻随外磁场线性变化的范围大，在制作模拟传感器方面得到广泛应用。在数字记录与读出领域，为进一步提高灵敏度，发展了自旋阀结构的GMR。如图 20.3 所示。

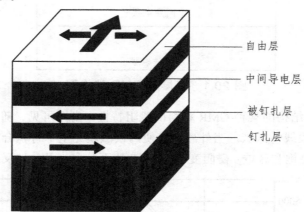

自由层

中间导电层

被钉扎层

钉扎层

图 20.3　自旋阀 SV-GMR 结构图

自旋阀结构的 SV-GMR（Spin Valve GMR）由钉扎层、被钉扎层、中间导电层和自由层构成。其中，钉扎层使用反铁磁材料，被钉扎层使用硬铁磁材料，铁磁和反铁磁材料在交换耦合作用下形成一个偏转场，此偏转场将被钉扎层的磁化方向固定，不随外磁场改变。自由层使用软铁磁材料，它的磁化方向易于随外磁场转动。这样，很弱的外磁场就会改变自由层与被钉扎层磁场的相对取向，对应于很高的灵敏度。制造时，使自由层的初始磁化方向与被钉扎层垂直，磁记录材料的磁化方向与被钉扎层的方向相同或相反（对应于 0 或 1），当感应到磁记录材料的磁场时，自由层的磁化方向就向与被钉扎层磁化方向相同（低电阻）或相反（高电阻）的方向偏转，检测出电阻的变化，就可确定记录材料所记录的信息，硬盘所用的GMR 磁头就采用这种结构。

我们实验仪器 GMR 材料的多层结构是基于一个 Ni-Fe-Co 磁性层和 Cu 间隔层。

四、实验内容及步骤

1. 巨磁电阻模拟传感器的磁电转换特性测量

实验装置：巨磁阻实验仪，基本特性组件

（1）实验原理。

实验螺线管用于在实验过程中产生大小可计算的磁场，由理论分析可知，无限长直螺线管内部轴线上任一点的磁感应强度为

$$B=\mu_0 nI \qquad (20.1)$$

在将磁电阻构成传感器时，为了消除温度变化等环境因素对输出的影响，一般采用桥式结构，对于电桥结构，如果 4 个 GMR 电阻对磁场的响应完全同步，就不会有信号输出。图 20.4 中，将处在电桥对角位置的两个电阻 R_3，R_4 覆盖一层高导磁率的材料如坡莫合金，以屏蔽外磁场对它们的影响，而 R_1，R_2 阻值会随外磁场发生改变。设无外磁场时 4 个 GMR 电阻的阻值均为 R，R_1、R_2 在外磁场作用下电阻减小 ΔR，简单分析表明，输出电压：

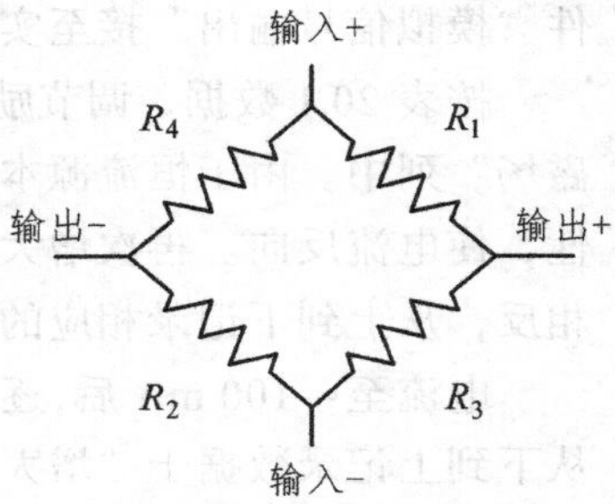

$$U_{out}=U_{in}\Delta R/(2R-\Delta R) \qquad (20.2)$$

图 20.4

屏蔽层同时设计为磁通聚集器，它的高导磁率将磁力线聚集在 R_1，R_2 电阻所在的空间，进一步提高了 R_1，R_2 的磁灵敏度。

从几何结构还可见，巨磁电阻被光刻成微米宽度迂回状的电阻条，以增大其电阻至 $k\Omega$，使其在较小工作电流下得到合适的电压输出。

图 20.5 是某 GMR 模拟传感器的磁电转换特性曲线。图 20.6 是磁电转换特性的测量原理图。

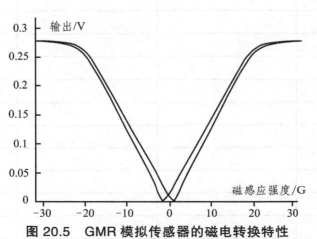

图 20.5　GMR 模拟传感器的磁电转换特性

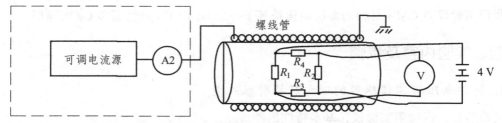

图 20.6　模拟传感器磁电转换特性实验原理图

（2）实验步骤。

将 GMR 模拟传感器置于螺线管磁场中，功能切换按钮切换为"传感器测量"。实验仪的 4V 电压源接至基本特性组件"巨磁电阻供电"，恒流源接至"螺线管电流输入"，基本特性组件"模拟信号输出"接至实验仪电压表。

按表 20.1 数据，调节励磁电流，逐渐减小磁场强度，记录相应的输出电压于表格"减小磁场"列中。由于恒流源本身不能提供负向电流，当电流减至 0 后，交换恒流输出接线的极性，使电流反向。再次增大电流，此时流经螺线管的电流与磁感应强度的方向均与原来方向相反，从上到下记录相应的输出电压。

电流至 −100 mA 后，逐渐减小负向电流，电流到 0 时同样需要交换恒流输出接线的极性。从下到上记录数据于"增大磁场"列中。

理论上讲，外磁场为零时，GMR 传感器的输出应为零，但由于半导体工艺的限制，4 个桥臂电阻值不一定完全相同，导致外磁场为零时输出不一定为零，在有的传感器中可以观察到这一现象。

表 20.1　GMR 模拟传感器磁电转换特性的测量（电桥电压 4 V）

磁感应强度/G		输出电压/mV	
励磁电流/mA	磁感应强度/G	减小磁场	增大磁场
100			
90			
80			
70			
60			
50			
40			
30			
20			
10			
5			
0			
−5			

磁感应强度/G		输出电压/mV	
励磁电流/mA	磁感应强度/G	减小磁场	增大磁场
−10			
−20			
−30			
−40			
−50			
−60			
−70			100
−80			90
−90			80
−100			70

根据螺线管上标明的线圈密度，由公式（20.1）计算出螺线管内的磁感应强度 B。以磁感应强度 B 作横坐标，电压表的读数为纵坐标作出磁电转换特性曲线。不同外磁场强度时输出电压的变化反映了 GMR 传感器的磁电转换特性，同一外磁场强度下输出电压的差值反映了材料的磁滞特性。

2. 巨磁电阻磁阻特性测量

实验装置：巨磁阻实验仪，基本特性组件。

（1）实验原理。

为加深对巨磁电阻效应的理解，我们对构成 GMR 模拟传感器的磁阻进行测量。将基本特性组件的功能切换按钮切换为"巨磁阻测量"，此时被磁屏蔽的两个电桥电阻 R_3、R_4 被短路，而 R_1、R_2 并联。将电流表串联进电路中，测量不同磁场时回路中电流大小，就可计算磁阻。测量原理如图 20.7 所示。

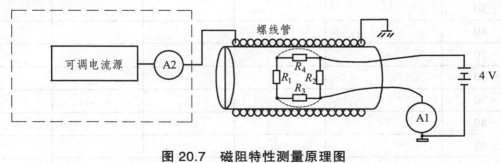

图 20.7　磁阻特性测量原理图

（2）实验步骤。

将 GMR 模拟传感器置于螺线管磁场中，功能切换按钮切换为"巨磁阻测量"实验仪的 4 伏电压源串联电流表后接至基本特性组件"巨磁电阻供电"，恒流源接至"螺线管电流输入"。

157

按表 20.2 数据，调节励磁电流，逐渐减小磁场强度，记录相应的磁阻电流于表格"减小磁场"列中。由于恒流源本身不能提供负向电流，当电流减至 0 后，交换恒流输出接线的极性，使电流反向。再次增大电流，此时流经螺线管的电流与磁感应强度的方向均与原来方向相反，从上到下记录相应的输出电压。电流至−100mA 后，逐渐减小负向电流，电流到 0 时同样需要交换恒流输出接线的极性。从下到上记录数据于"增大磁场"列中。

表 20.2　GMR 磁阻特性的测量（磁阻两端电压 4 V）

磁感应强度/G		磁阻/Ω			
		减小磁场		增大磁场	
励磁电流/mA	磁感应强度/G	磁阻电流/mA	磁阻/Ω	磁阻电流/mA	磁阻/Ω
100					
90					
80					
70					
60					
50					
40					
30					
20					
10					
5					
0					
− 5					
− 10					
− 20					
− 30					
− 40					
− 50					
− 60					
− 70					
− 80					
− 90					
− 100					

根据螺线管上标明的线圈密度，由公式（20.1）计算出螺线管内的磁感应强度 B。

由欧姆定律 $R=U/I$ 计算磁阻。以磁感应强度 B 作横坐标，磁阻为纵坐标作出磁阻特性曲线。应该注意，由于模拟传感器的两个磁阻位于磁通聚集器中，与图 20.2 相比，我们作出的磁阻曲线斜率大了约 10 倍，磁通聚集器结构使磁阻灵敏度大大提高。不同外磁场强度时磁阻的变化反映了巨磁电阻的磁阻特性，同一外磁场强度下磁阻的差值反映了材料的磁滞特性。

3. 巨磁电阻数字传感器的磁电转换特性曲线测量

实验装置：巨磁阻实验仪，基本特性组件

（1）实验原理。

将 GMR 模拟传感器与比较电路，晶体管放大电路集成在一起，就构成 GMR 开关（数字）传感器，结构如图 20.8 所示。

比较电路的功能是，当电桥电压低于比较电压时，输出低电平；当电桥电压高于比较电压时，输出高电平。选择适当的 GMR 电桥并结合调节比较电压，可调节开关传感器开关点对应的磁场强度。

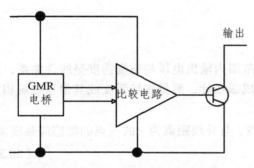

图 20.8　GMR 开关传感器结构图

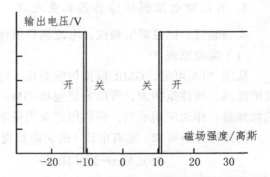

图 20.9　GMR 开关传感器磁电转换特性

图 20.9 是某种 GMR 开关传感器的磁电转换特性曲线。当磁场强度的绝对值从低增加到 12 高斯时，开关打开（输出高电平）；当磁场强度的绝对值从高减小到 10 高斯时，开关关闭（输出低电平）。

（2）实验步骤。

将 GMR 模拟传感器置于螺线管磁场中，功能切换按钮切换为"传感器测量"。实验仪的 4 V 电压源接至基本特性组件"巨磁电阻供电"，"电路供电"接口接至基本特性组件对应的"电路供电"输入插孔，恒流源接至"螺线管电流输入"，基本特性组件"开关信号输出"接至实验仪电压表。

从 50 mA 逐渐减小励磁电流，输出电压从高电平（开）转变为低电平（关）时记录相应的励磁电流于表 20.3"减小磁场"列中。当电流减至 0 后，交换恒流输出接线的极性，使电流反向。再次增大电流，此时流经螺线管的电流与磁感应强度的方向为负，输出电压从低电平（关）转变为高电平（开）时记录相应的负值励磁电流于表 20.3"减小磁场"列中。将电流调至 −50 mA。

逐渐减小负向电流，输出电压从高电平（开）转变为低电平（关）时记录相应的负值励磁电流于表 20.3"增大磁场"列中，电流到 0 时同样需要交换恒流输出接线的极性。输出电压从低电平（关）转变为高电平（开）时记录相应的正值励磁电流于表 20.3"增大磁场"列中。

表 20.3　GMR 开关传感器的磁电转换特性测量（高电平 = 　　V　　　低电平 = 　　V）

减小磁场			增大磁场		
开关动作	励磁电流/mA	磁感应强度/G	开关动作	励磁电流/mA	磁感应强度/G
关			关		
开			开		

根据螺线管上标明的线圈密度，由公式（20.1）计算出螺线管内的磁感应强度 B。

以磁感应强度 B 作横坐标，电压读数为纵坐标作出开关传感器的磁电转换特性曲线。

利用 GMR 开关传感器的开关特性已制成各种接近开关，当磁性物体（可在非磁性物体上贴上磁条）接近传感器时就会输出开关信号。广泛应用在工业生产及汽车，家电等日常生活用品中，控制精度高，恶劣环境（如高低温，振动等）下仍能正常工作。

4．用巨磁电阻模拟传感器测量电流

实验装置：巨磁阻实验仪，电流测量组件。

（1）实验原理。

从图 20.5 可见，GMR 模拟传感器在一定的范围内输出电压与磁场强度呈线性关系，且灵敏度高，线性范围大，可以方便地将 GMR 制成磁场计，测量磁场强度或其他与磁场相关的物理量。作为应用示例，我们用它来测量电流。

由理论分析可知，通有电流 I 的无限长直导线，与导线距离为 r 的一点的磁感应强度为：

$$B=\mu_0 I/2\pi r=2I\times 10^{-7}/r \tag{20.3}$$

在 r 不变的情况下，磁感应强度与电流成正比。

在实际应用中，为了使 GMR 模拟传感器工作在线性区，提高测量精度，还常常预先给传感器施加一个固定已知磁场，称为磁偏置，其原理类似于电子电路中的直流偏置。

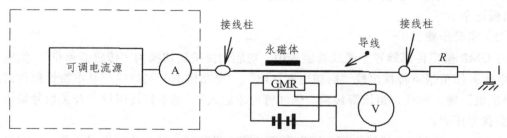

图 20.10　模拟传感器测量电流实验原理图

（2）实验步骤。

实验仪的 4 V 电压源接至电流测量组件"巨磁电阻供电"，恒流源接至"待测电流输入"，电流测量组件"信号输出"接至实验仪电压表。

将待测电流调节至 0。

将偏置磁铁转到远离 GMR 传感器，调节磁铁与传感器的距离，使输出约 25 mV。

将电流增大到 300 mA，按表 20.4 数据逐渐减小待测电流，从左到右记录相应的输出电

压于表格"减小电流"行中。由于恒流源本身不能提供负向电流，当电流减至 0 后，交换恒流输出接线的极性，使电流反向。再次增大电流，此时电流方向为负，记录相应的输出电压。

逐渐减小负向待测电流，从右到左地记录相应的输出电压于表格"增加电流"行中。当电流减至 0 后，交换恒流输出接线的极性，使电流反向。再次增大电流，此时电流方向为正，记录相应的输出电压。

将待测电流调节至 0。

将偏置磁铁转到接近 GMR 传感器，调节磁铁与传感器的距离，使输出约 150 mV。

用低磁偏置时同样的实验方法，测量适当磁偏置时待测电流与输出电压的关系。

表 20.4 用 GMR 模拟传感器测量电流

待测电流/mA			300	200	100	0	− 100	− 200	− 300
输出电压/mV	低磁偏置（约 25 mV）	减小电流							
		增加电流							
	适当磁偏置（约 150 mV）	减小电流							
		增加电流							

以电流读数作横坐标，电压表的读数为纵坐标作图。分别作出 4 条曲线。

由测量数据及所作图形可以看出，适当磁偏置时线性较好，斜率（灵敏度）较高。由于待测电流产生的磁场远小于偏置磁场，磁滞对测量的影响也较小，根据输出电压的大小就可确定待测电流的大小。

用 GMR 传感器测量电流不用将测量仪器接入电路，不会对电路工作产生干扰，既可测量直流，也可测量交流，具有广阔的应用前景。

5. GMR 梯度传感器的特性及应用

实验装置：巨磁阻实验仪、角位移测量组件。

（1）实验原理。

将 GMR 电桥两对对角电阻分别置于集成电路两端，4 个电阻都不加磁屏蔽，即构成梯度传感器，如图 20.11 所示。

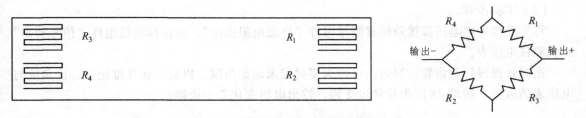

图 20.11 GMR 梯度传感器结构图

这种传感器若置于均匀磁场中，由于 4 个桥臂电阻的阻值变化相同，电桥输出为零。如果磁场存在一定的梯度，各 GMR 电阻感受到的磁场不同，磁阻变化不一样，就会有信号输出。图 20.12 以检测齿轮的角位移为例，说明其应用原理。

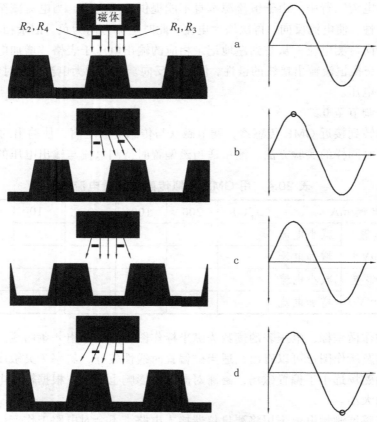

图 20.12　用 GMR 梯度传感器检测齿轮位移

　　将永磁体放置于传感器上方，若齿轮是铁磁材料，永磁体产生的空间磁场在相对于齿牙不同位置时，产生不同的梯度磁场。a 位置时，输出为零。b 位置时，R_1，R_2 感受到的磁场强度大于 R_3，R_4，输出正电压。c 位置时，输出回归零。d 位置时，R_1，R_2 感受到的磁场强度小于 R_3，R_4，输出负电压。于是，在齿轮转动过程中，每转过一个齿牙便产生一个完整的波形输出。这一原理已普遍应用于转速（速度）与位移监控，在汽车及其他工业领域得到广泛应用。

　　（2）实验步骤。

　　将实验仪 4 V 电压源接角位移测量组件"巨磁电阻供电"，角位移测量组件"信号输出"接实验仪电压表。

　　逆时针慢慢转动齿轮，当输出电压为零时记录起始角度，以后每转 3 度记录一次角度与电压表的读数。转动 48 度齿轮转过 2 齿，输出电压变化 2 个周期。

表 20.5　齿轮角位移的测量

转动角度/度																
输出电压/mV																

　　以齿轮实际转过的度数为横坐标，电压表的读数为纵向坐标作图。

6. 磁记录与读出

实验装置：巨磁阻实验仪，磁读写组件，磁卡。

（1）实验内容。

磁记录是当今数码产品记录与储存信息的最主要方式，由于巨磁阻的出现，存储密度有了成百上千倍的提高。

在当今的磁记录领域，为了提高记录密度，读写磁头是分离的。写磁头是绕线的磁芯，线圈中通过电流时产生磁场，在磁性记录材料上记录信息。巨磁阻读磁头利用磁记录材料上不同磁场时电阻的变化读出信息。磁读写组件用磁卡做记录介质，磁卡通过写磁头时可写入数据，通过读磁头时将写入的数据读出来。

同学可自行设计一个二进制码，按二进制码写入数据，然后将读出的结果记录下来。

（2）实验步骤。

实验仪的 4 V 电压源接磁读写组件"巨磁电阻供电"，"电路供电"接口接至基本特性组件对应的"电路供电"输入插孔，磁读写组件"读出数据"接至实验仪电压表。同时按下"0/1转换"和"写确认"按键约 2 s 将读写组件初始化，初始化后才可以进行写和读。

将需要写入与读出的二进制数据记入表 20.6 第 2 行。

将磁卡有刻度区域的一面朝前，沿着箭头标识的方向插入划槽，按需要切换写"0"或写"1"（按"0/1转换"按键，当状态指示灯显示为红色表示当前为"写 1"状态，绿色表示当前为"写 0"状态）按住"写确认"按键不放，根据磁卡上的刻度区域线，缓慢移动磁卡。注意：为了便于后面的读出数据更准确，写数据时应以磁卡上各区域两边的边界线开始和结束。即在每个标定的区域内，磁卡的写入状态应完全相同。

完成写数据后，松开"写确认"按键，此时组件就处于读状态了，将磁卡移动到读磁头出，根据刻度区域在电压表上读出的电压，记录于表 20.6 中。

表 20.6　二进制数字的写入与读出

十进制数字								
二进制数字								
磁卡区域号	1	2	3	4	5	6	7	8
读出电平								

此实验演示了磁记录与磁读出的原理与过程。

注：由于测试卡区域的两端数据记录可能不准确，因此实验中只记录中间的 1~8 号区域的数据。

五、注意事项

（1）由于巨磁阻传感器具有磁滞现象，因此，在实验中，恒流源只能单方向调节，不可回调。否则测得的实验数据将不准确。实验表格中的电流只是作为一种参考，实验时以实际显示的数据为准。

（2）测试卡组件不能长期处于"写"状态。

（3）实验过程中，实验环境不得处于强磁场中。

六、思考题

（1）GMR 模拟传感器如何实现对其磁阻的测量？

（2）随着外加磁声的增大，GMR 的磁阻如何变化？

实验二十一　高温超导材料特性测试和低温温度计实验

根据固体物理理论，实际的金属材料由于存在杂质和缺陷对电子运动的散射，在温度趋向绝对零度时，金属的电阻率将趋近一个定值，称为剩余电阻率。但是，1911 年荷兰物理学家昂内斯用液氦冷却水银线并通过几毫安的电流，在测量其端电压时发现，当温度稍低于液氦的正常沸点时（4.2 K）左右，水银线的电阻率突然由正常的剩余电阻跌落到接近零，这就是所谓的超导现象。通常把具有这种超导电性的物体，称为超导体；而把超导体电阻突然为零的温度，称为超导转变温度或超临界温度，一般用符号 T_c 表示。在超导现象发现以后，人们一直在为提高超导临界温度而努力，然而进展却十分缓慢，直到 1986 年 4 月，缪勒和贝德罗兹宣布，一种钡镧铜氧化物的超导转变温度可能高于 30 K，从此掀起了波及全世界的关于高温超导电性研究的热潮，在短短的两年时间里就把超导临界温度提高到了 110 K，到 1993年 3 月已达到了 134 K。经过一个世纪的发展，高温超导技术逐渐走进了人们的生活：例如超导量子干涉仪、超导磁铁等低温超导材料等都已商品化。超导材料已经应用在高能物理、电子工程、生物磁学、航空航天、医疗诊断等科学研究领域。

一、实验目的

（1）了解高临界温度超导材料的基本特性及其测试方法。
（2）了解金属和半导体 PN 结的伏安特性随温度的变化以及温差电效应。
（3）学习几种低温温度计的比对和使用方法，以及低温温度控制的简便方法。

二、实验仪器

低温恒温器，不锈钢杜瓦容器和支架，PZ158 型直流数字电压表，BW2 型高温超导材料特性测量装置。

三、实验原理

1. 高临界温度超导电性

1911 年，昂内斯用液氦冷却水银线并通以几毫安的电流，在测量其端电压时发现，当温度稍低于液氦的正常沸点时，水银线的电阻突然跌落到零，这就是零电阻现象或超导电现象。实际超导体的电阻-温度关系曲线如图 21.1 所示，人们引进起始转变温度 $T_{c,onset}$、零电阻温度 T_{c0} 和超导转变（中点）温度 T_{cm}（或 T_c）等来描写超导体的特性。为了减小自热效应对测量的影响，超导样品中通过的电流应尽可能小（毫安量级）。

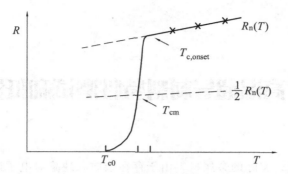

图 21.1　超导体的电阻转变曲线

由于数字电压表的灵敏度的迅速提高，用伏安法直接判定零电阻现象已成为实验室中常用的方法之一。

1933 年，迈斯纳和奥克森菲尔德发现，不论是在没有外加磁场或有外加磁场的情况下使锡和铅样品从正常态转变为超导态，只要 $T < T_c$，在超导体内部的磁感应强度 B_i 总是等于零的，这个效应称为迈斯纳效应，表明超导体具有完全抗磁性。这是超导体所具有的独立于零电阻现象的另一个最基本的性质。迈斯纳效应可用磁悬浮实验来演示。

在超导现象发现以后，人们一直在为提高超导临界温度而努力，然而进展却十分缓慢，1973 年所创立的纪录（Nb$_3$Ge，T_c=23.2 K）就保持了 12 年。1986 年 4 月，缪勒和贝德罗兹宣布，一种钡镧铜氧化物的超导转变温度可能高于 30 K，从此掀起了波及全世界的关于高温超导电性的研究热潮，在短短的两年时间里就把超导临界温度提高到了 110 K，到 1993 年 3 月已达到了 134 K。

迄今为止，已发现 28 种金属元素（在地球常态下）及许多合金和化合物具有超导电性，还有些元素只在高压下才具有超导电性。在表 21.1 中给出了一些典型的超导材料的临界温度 T_c（零电阻值）。温度的升高，磁场或电流的增大，都可以使超导体从超导态转变为正常态，因此常用临界温度 T_c、临界磁场 B_c 和临界电流密度 j_c 作为临界参量来表征超导材料的超导性能。自从 1911 年发现超导电性以来，人们就一直设法用超导材料来绕制超导线圈超导磁体。但令人失望的是，只通过很小的电流超导磁体就失超了，即超导线圈从电阻为零的超导态转变到了电阻相当高的正常态。直到 1961 年，孔兹勒等人利用 Nb$_3$Sn 超导材料，绕制成了能产生接近 9 T 磁场的超导线圈，这才打开了实际应用的局面。例如，超导磁体两端并接一超导开关，可以使超导磁体工作在持续电流状态，得到极其稳定的磁场，使所需要的核磁共振谱线长时间地稳定在观测屏上。同时，这样做还可以在正常运行时断开供电电路，省去了焦耳热的损耗，减少了液氦和液氮的损耗。

表 21.1　超导临界温度

超导材料	T_c / K
Hg(α)	4.15
Pb	7.20
Nb	9.25

超导材料	T_c / K
V_3Si	17.1
Nb_3Sn	18.1
$Nb_3Al_{0.7}SGe_{0.25}$	20.5
Nb_3Ga	20.3
Nb_3Ge	23.2
$YBaCu_3O_7$	90
$Bi_2Sr_2Ca_2Cu_3O_{10}$	110
$Tl_2Ba_2Ca_2Cu_3O_{10}$	125
$HgBa_2Ca_2Cu_3O_8$	134

2. 金属电阻随温度的变化

电阻随温度变化的性质，对于各种类型的材料是很不相同的，它反映了物质的内在属性，是研究物质性质的基本方法之一。在绝对零度下的纯金属中，理想的完全规则排列的原子（晶格）周期场中的电子处于确定的状态，因此电阻为零。温度升高时，晶格原子的热振动会引起电子运动状态的变化，即电子的运动受到晶格的散射而出现电阻 R_i。理论计算表明，当 $T > \Theta_D / 2$ 时，$R_i \propto T$，其中 Θ_D 为德拜温度。实际上，金属中总是含有杂质的，杂质原子对电子的散射会造成附加的电阻。在温度很低时，例如在 4.2K 以下，晶格散射对电阻的贡献趋于零，这时的电阻几乎完全由杂质散射所造成，称为剩余电阻 R_r，它近似与温度无关。当金属纯度很高时，总电阻可以近似表达成

$$R = R_i(T) + R_r \qquad (21.1)$$

在液氮温度以上，$R_i(T) >> R_r$，因此有 $R \approx R_i(T)$。例如，铂的德拜温度 Θ_D 为 225K，在液氮温度以下，铂的电阻温度关系如图 21.2 所示。在液氮正常沸点到室温的温度范围内，它的电阻 $R \approx R_i(T)$ 近似地正比于温度 T，铂电阻温度计的电阻温度关系，可近似地表示为

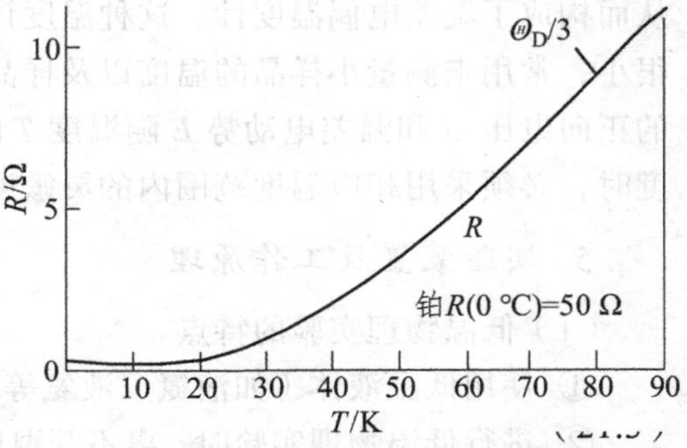

$$R(T) = AT + B \qquad (21.2)$$

$$或 \qquad T(R) = aR + b$$

图 21.2 铂的电阻温度关系

式中，A，B 和 a，b 是不随温度变化的常量。因此，根据我们给出的铂电阻温度计在液氮正常沸点和冰点的电阻值，可以确定所用的铂电阻温度计的 A，B 或 a，b 的值，并由此可得到用铂电阻温度计测温时任一电阻所相应的温度值。在合金中，电阻主要是由杂质散射引起的，因此电子的平均自由程对温度的变化很不敏感，如锰铜的电阻随温度的变化就很小，实验中所用的标准电阻和电加热器就是用锰铜线绕制而成的。

167

3. 半导体电阻以及 PN 结的正向电压随温度的变化

半导体的导电机制比较复杂，电子（e⁻）和空穴（e⁺）是致使半导体导电的粒子，常统称为载流子。在纯净的半导体中，由所谓的本征激发产生载流子；而在掺杂的半导体中，则除了本征激发外，还有所谓的杂质激发也能产生载流子，因此具有比较复杂的电阻温度关系。一般而言，在较大的温度范围内，半导体具有负的电阻温度系数。这一特性正好弥补了金属电阻温度计在低温下灵敏度明显降低的缺点。在低温物理实验中，锗电阻温度计、硅电阻温度计、碳电阻温度计、渗碳玻璃电阻温度计和热敏电阻温度计等都是常用的低温半导体电阻温度计。

与半导体具有负的电阻温度系数类似，在恒定的工作电流下，硅和砷化镓二极管 PN 结的正向电压也会随着温度的降低而升高，如图 21.3 所示。用一支二极管温度计就能测量很宽范围的温度，且灵敏度很高。由于二极管温度计的发热量较大，常把它用作为控温敏感元件。

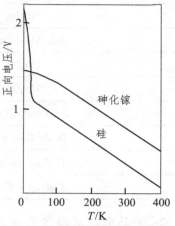

图 21.3　二极管的正向电压温度

实际上，利用半导体 PN 结的正向电压随温度的变化关系还可以进行相关的物理研究。例如，在恒定的小电流（100 μA）下，近似地有

$$U_{正向} \approx KT + U_{g0} \tag{21.4}$$

式中，$K = -2.3 \, \text{mV/K}$，qU_{g0} 是 0K 时半导体材料的禁带宽度，硅材料约为 1.20 eV。

4. 温差电偶温度计

如果将两种金属材料制成的导线联成回路，并使其两个接触点维持在不同的温度，则在该闭合回路中就会有温差电动势存在。如果将回路的一个接触点固定在一个已知的温度，例如液氮的正常沸点 77.4 K，则可以由所测量得到的温差电动势确定回路的另一接触点的温度，从而构成了温差电偶温度计。这种温度计十分简便，特别是作为温度敏感部分的接触点体积很小，常用来测量小样品的温度以及样品各部分之间的温差。应该注意到，硅二极管 PN 结的正向电压 U 和温差电动势 E 随温度 T 的变化都不是线性的，因此在用内插方法计算中间温度时，必须采用相应温度范围内的灵敏度值。

5. 实验装置及工作原理

（1）低温物理实验的特点。

① 使用低温液体（如液氮、液氦等）作为冷源时，必须了解其基本性质，并注意安全。

② 进行低温物理实验时，离不开温度的测量。对于各个温区和各种不同的实验条件，要求使用不同类型和不同规格的温度计。因此，我们必须了解各类温度传感器的特性和适用范围，学会标定温度计的基本方法。

③ 在液氮正常沸点到室温的温度范围，一般材料的热导较差，比热较大，使低温装置的各个部件具有明显的热惰性，温度计与样品之间的温度一致性较差。

④ 样品的电测量引线又细又长，引线电阻的大小往往可与样品电阻相比。对于超导样品，

引线电阻可比样品电阻大得多，四引线测量法具有特殊的重要性。

⑤ 在直流低电势的测量中，克服乱真电动势的影响十分重要。特别是，为了判定超导样品是否达到了零电阻的超导态，必须使用反向开关。

（2）低温恒温器和不锈钢杜瓦容器。

为了得到从液氮的正常沸点 77.4 K 到室温范围内的任意温度，采用如图 21.4 所示的低温恒温器和杜瓦容器。液氮盛在不锈钢真空夹层杜瓦容器中，拉杆固定螺母（以及与之配套的

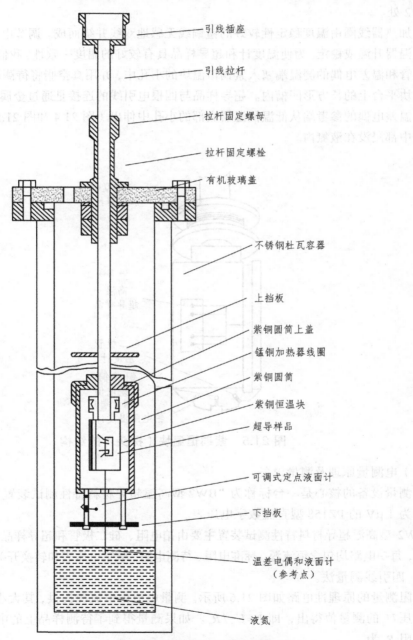

图 21.4　低温恒温器和杜瓦容器的结构

169

固定在有机玻璃盖上的螺栓）可用来调节和固定引线拉杆及其下端的低温恒温器的位置。低温恒温器的核心部件是安装有超导样品和温度计的紫铜恒温块，此外还包括紫铜圆筒及其上盖、上下挡板、引线拉杆和 19 芯引线插座等部件。本实验的主要工作，是在液氮正常沸点附近的温度范围内（例如 140 K 到 77 K）测量超导转变曲线，并在全温区标定温度计。为了使测量超导转变曲线时降温速率足够缓慢，又能保证整个实验在 3 h 内顺利完成，我们安装了可调式定点液面指示计，可以用来简便而精确地使液氮面维持在紫铜圆筒底和下挡板之间距离的 1/2 处。

电加热器线圈由温度稳定性较好的锰铜线无感地双线并绕而成。调节电加热器的电流，可以使恒温器升温或稳定。为使温度计和超导样品具有较好的温度一致性，我们将铂电阻温度计、硅二极管和温差电偶的测温端塞入紫铜恒温块的小孔中，并用真空脂将待测超导样品粘贴在紫铜恒温块平台上的长方形凹槽内。超导样品与四根电引线的连接是通过金属铟的压接而成的。此外，温差电偶的参考端从低温恒温器底部的小孔中伸出（图 21.4 和图 21.5），使其在整个实验过程中都浸没在液氮内。

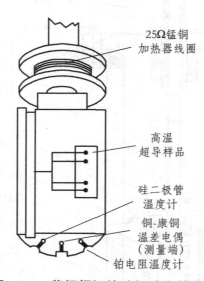

25Ω锰铜
加热器线圈

高温
超导样品

硅二极管
温度计

铜-康铜
温差电偶
（测量端）

铂电阻温度计

图 21.5　紫铜恒温块（探头）的结构

（3）电测量原理及测量设备。

电测量设备的核心是一台标称为"BW2 型高温超导材料特性测试装置"的电源盒和一台灵敏度为 1 μV 的 PZ158 型直流数字电压表。

BW2 型高温超导材料特性测试装置主要由铂电阻、硅二极管和超导样品等三个电阻测量电路构成，每一电路均包含恒流源、标准电阻、待测电阻、数字电压表和转换开关等五个主要部件。

① 四引线测量法。

电阻测量的原理性电路如图 21.6 所示。测量电流由恒流源提供，其大小可由标准电阻 R_n 上的电压 U_n 的测量值得出，即 $I = U_n / R_n$。如果测量得到了待测样品上的电压 U_x，则待测样品的电阻 R_x 为

$$R_x = \frac{U_x}{I} = \frac{U_x}{U_n} R_n \qquad (21.5)$$

由于低温物理实验装置的原则之一是必须尽可能减小室温漏热，因此测量引线通常是又细又长，其阻值有可能远远超过待测样品（如超导样品）的阻值。为了减小引线和接触电阻对测量的影响，通常采用国际上通用的标准测量方法——"四引线测量法"，即每个电阻元件都采用四根引线，其中两根为电流引线，两根为电压引线。恒流源通过两根电流引线将测量电流 I 提供给待测样品，而数字电压表则是通过两根电压引线来测量电流 I 在样品上所形成的电势差 U。由于两根电压引线与样品的接点处在两根电流引线的接点之间，因此排除了电流引线与样品之间的接触电阻对测量的影响；又由于数字电压表的输入阻抗很高，电压引线的引线电阻以及它们与样品之间的接触电阻对测量的影响可以忽略不计。

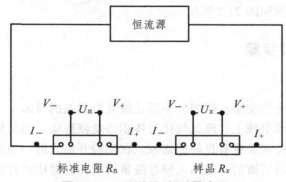

图 21.6　四引线法测量电阻

② 铂电阻和硅二极管测量电路。

在铂电阻和硅二极管测量电路中，提供电流可微调的单一输出的恒流源，它们输出电流的标称值分别为 1 mA 和 100 μA；两个内置的灵敏度分别为 10 μV 和 100 μV 的 $4\frac{1}{2}$ 位数字电压表，通过转换开关分别测量铂电阻、硅二极管以及相应的标准电阻上的电压，由此可确定紫铜恒温块的温度。

③ 超导样品测量电路。

由于超导样品的正常电阻受到多种因素的影响，因此每次测量所使用的超导样品的正常电阻可能有较大的差别。为此，在超导样品测量电路中，采用多档输出式的恒流源来提供电流。在本装置中，该内置恒流源共设标称为 100 μA 到 100 mA 的六档电流输出，其实际值由串接在电路中的 10 Ω 标准电阻上的电压值确定。为了提高测量精度，使用一台外接的灵敏度为 1 μV 的 $5\frac{1}{2}$ 位 PZ158 型直流数字电压表，来测量标准电阻和超导样品上的电压。为了消除直流测量电路中固有的乱真电动势的影响，我们在采用四引线测量法的基础上还增设了电流反向开关，用以进一步确定超导体的电阻确已为零。

④ 温差电偶及定点液面计的测量电路。

利用转换开关和 PZ158 型直流数字电压表，可以监测铜-康铜温差电偶的电动势以及可调式定点液面计的指示。

⑤ 电加热器电路。

BW2 型高温超导材料特性测试装置中，一个内置的直流稳压电源和一个指针式电压表构成了一个为安装在探头中的 25 Ω 锰铜加热器线圈供电的电路。利用电压调节旋钮可提供 0~5 V 的输出电压，从而使低温恒温器获得所需要的加热功率。

⑥ 其他。

利用一根两头带有 19 芯插头的装置连接电缆，可将 BW2 型高温超导材料特性测试装置与低温恒温器连为一体。在每次实验开始时，学生必须利用所提供的带有香蕉插头的面板连接导线，把面板上用虚线连接起来的两两插座全部连接好。只有这样，才能使各部分构成完整的电流回路。

（4）实验电路图。

本实验的测量线路图如图 21.7 所示。

四、实验内容及步骤

1. 液氮的灌注

使用液氮时一定要注意安全。例如，不要让液氮溅到人的身体上，也不要把液氮倒在有机玻璃盖板、测量仪器或引线上；液氮气化时体积将急剧膨胀，切勿将容器出气口封死；氮气是窒息性气体，应保持实验室有良好的通风。在实验开始之前，先将实验用不锈钢杜瓦容器清理干净，然后将输液管道的一端插入储存液氮的杜瓦容器中并拧紧固定螺母，将输液管道的另一端插入实验用不锈钢杜瓦容器中，关闭贮存杜瓦容器上的通大气的阀门使其中的氮气压强逐渐升高，液氮就会通过输液管道注入实验用不锈钢杜瓦容器。

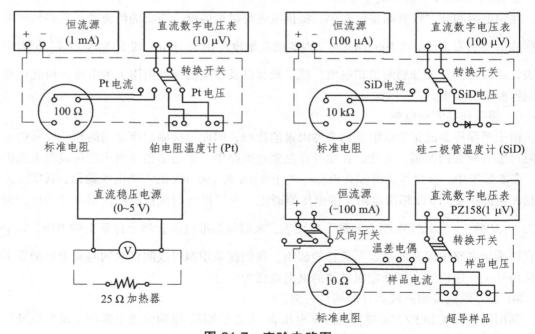

图 21.7　实验电路图

另外一种灌注液氮的方法是,先将储存杜瓦容器中的液氮注入便携式广口玻璃杜瓦瓶中,然后将广口玻璃杜瓦瓶中的液氮缓慢地倒入实验用不锈钢杜瓦容器中,使液氮平静下来时的液面位置在距离容器底部约 30 cm 的地方。

2. 电路的连接

将装置连接电缆两端的 19 芯插头分别插在低温恒温器拉杆顶端及 BW2 型高温超导材料特性测试装置(以下称电源盒)的插座上,同时接好电源盒面板上虚线所示的待连接导线,并将 PZ158 型直流数字电压表与电源盒面板上的外接 PZ158 相连接。

在做实验时,19 芯插头插座不宜经常拆卸,以免造成松动和接触不良,甚至损坏。

3. 室温检测

打开 PZ158 型直流数字电压表的电源开关(将其电压量程置于 200 mV 档)以及电源盒的总电源开关,并依次打开铂电阻、硅二极管和超导样品等三个分电源开关,调节两支温度计的工作电流,测量并记录超导样品及两支温度计室温的电流和电压数据。

原则上,为了减小电流自热效应对超导转变温度的影响,通过超导样品的电流应该越小越好;然而,在教学实验中,为了保证用 PZ158 型直流数字电压表能够较明显地观测到样品的超导转变过程,通过超导样品的电流又不能太小。一般而言,可按照超导样品上的室温电压 100 μV 左右来选定所通过的电流的大小。

最后,将转换开关先后旋至温差电偶和液面指示处。

4. 低温恒温器降温速率的控制及低温温度计的比对

(1)低温恒温器降温速率的控制。

为了确保整个实验工作可在 3 h 以内顺利完成,我们在低温恒温器的紫铜圆筒底部与下挡板间距离的 1/2 处安装了可调式定点液面计。在实验过程中只要随时调节低温恒温器的位置以保证液面计指示电压刚好为零,即可保证液氮表面刚好在液面计位置附近,这种情况下紫铜恒温块温度随时间的变化大致如图 21.8 所示。

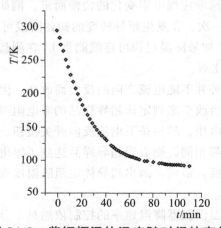

图 21.8 紫铜恒温块温度随时间的变化

173

具体步骤如下：

① 确认是否已将转换开关旋至液面指示处。

② 在低温恒温器放进杜瓦容器的过程中，一定要避免低温恒温器的紫铜圆筒底部触及液氮表面而使紫铜恒温块温度骤然降低，造成实验失败。具体而言，可以选择以下两种方法中的任意一种：

a. 先旋松拉杆固定螺母，调节拉杆位置使得低温恒温器靠近有机玻璃板，然后在低温恒温器逐渐插入不锈钢杜瓦容器并接近液氮面的过程中，仔细观察液面计指示值的变化，判断低温恒温器的下挡板是否碰到了液氮面。

b. 先用米尺测量液氮面距杜瓦容器口的深度，旋松拉杆固定螺母并调节拉杆位置，使低温恒温器下挡板至有机玻璃板的距离等于该深度，然后旋紧固定螺母并将低温恒温器缓缓放入杜瓦容器。

③ 待液面平静下来后，可稍许旋松拉杆固定螺母，控制拉杆缓缓下降，并密切监视与液面指示计相连接的 PZ158 型直流数字电压表的示值（以下简称"液面计示值"），使之逐渐减小到"零"，立即拧紧固定螺母。在低温恒温器的整个降温过程中，我们要不断地控制拉杆下降来恢复液面计示值为零，维持低温恒温器下挡板的浸入深度不变。

（2）低温温度计的比对。

当紫铜恒温块的温度开始降低时，观察和测量各种温度计及超导样品电阻随温度的变化，大约每隔 5 min 测量一次各温度计的测温参量（如：铂电阻温度计的电阻、硅二极管温度计的正向电压、温差电偶的电动势），即进行温度计的比对。

具体而言，由于铂电阻温度计已经标定，性能稳定，且有较好的线性电阻温度关系，因此可以利用所给出的本装置铂电阻温度计的电阻温度关系简化公式，由相应温度下铂电阻温度计的电阻值确定紫铜恒温块的温度，再以此温度为横坐标，分别以所测得的硅二极管的正向电压值和温差电偶的温差电动势值为纵坐标，画出它们随温度变化的曲线。

5. 超导转变曲线的测量

当紫铜恒温块的温度降低到 130 K 附近时，开始测量超导体的电阻以及这时铂电阻温度计所给出的温度，测量点的选取应视电阻变化的快慢而定。例如在超导转变发生之前的正常态电阻区可以每 5 min 测量一次，在发生超导转变的初始阶段可大约 1~2 min 测量一次，而在陡降区可 10 s 测量一次（如果降温过快可连续测量）。在测量超导转变曲线的同时，仍应坚持每 5 min 一次的温度计比对。

由于电路中的乱真电动势并不随电流方向的反向而改变，因此当样品电阻接近于零时，可利用电流反向后的电压是否改变来判定该超导样品的零电阻温度。具体做法是，先在正向电流下测量并记录超导体的电压，然后按下电流反向开关按钮，重复上述测量和记录；若这两次测量所得到数值和符号都相同，则表明超导样品达到了零电阻状态。记录此时的温度，即为该超导样品的零电阻温度。最后，画出超导体电阻随温度变化的曲线，并标明其起始转变温度 $T_{c,onset}$ 和零电阻温度 T_{c0}。

在上述测量过程中，低温恒温器降温速率的控制依然是十分重要的。在发生超导转变之前，即在 $T > T_{c,onset}$ 温区，每测完一点都要把转换开关旋至液面计档，用 PZ158 型直流数字电压表监测液面的变化。在发生超导转变的过程中，即在 $T_{c0} < T < T_{c,onset}$ 温区，由于在液面变化不大的情况下，超导样品的电阻随着温度的降低而迅速减小，因此不必每次再把转换开关旋至液面计档，而是应该密切监测超导样品电阻的变化。当超导样品的电阻接近零值时，如果低温恒温器的降温已经非常缓慢甚至停止，这时可以逐渐下移拉杆，使低温恒温器进一步降温，以促使超导转变的完成。在此过程中，转换开关应放在温差电偶档，以监视温度的变化。

五、注意事项

（1）认真按照本说明要求进行实验，并一次性取齐数据，避免实验失败。如果实验失败或需要补充不足的数据，则必须将低温恒温器从杜瓦容器中取出并用电吹风机加热，待低温恒温器温度计示值重新恢复到室温数据附近时，再重做本实验。否则，所得数据点将有可能偏离规则曲线较远。

（2）恒流源不可开路，稳压电源不可短路。PZ158 直流数字电压表也不宜长时间处在开路状态，必要时可利用随机提供的校零电压引线将输入端短路。

（3）为了达到标称的稳定度，PZ158 直流数字电压表和电源盒至少应预热 10 min 以上。

（4）在电源盒开启交流 220 V 总电源之前，须作如下检查：各恒流源和直流稳压电源的分电源开关均应处在断开状态，电加热器的电压旋钮应处在指零位置上，所有的电路应连接正确。

（5）低温下，塑料套管又硬又脆，极易折断。在实验结束取出低温恒温器时，一定要避免温差电偶和液面计的参考端与杜瓦容器出口处或底部相碰。

（6）在旋松固定螺母并下移拉杆时，一定要握紧拉杆，以免拉杆下滑。

（7）低温恒温器的引线拉杆是厚度仅 0.5 mm 的薄壁德银管，注意一定不要使其受力损坏。

（8）切忌磕伤不锈钢金属杜瓦容器底部的真空封嘴以及内筒壁。

六、思考题

（1）在低温恒温器逐渐插入不锈钢杜瓦容器并接近液氮面的过程中，液面计指示值的变化有何规律？如何说明？如何判断低温恒温器的下挡板或紫铜圆筒底部碰到了液氮面？

（2）利用你的物理知识，设想可以用哪些方法来测量和控制不锈钢杜瓦容器中的液氮面位置？

（3）在四引线法测量中，电流引线和电压引线能否互换？为什么？

（4）确定超导样品的零电阻时，测量电流为何必须反向？该方法所判定的"零电阻"与实验仪器的灵敏度和精度有何关系？

（5）如果分别在降温和升温过程中测量超导转变曲线，结果将会怎样？为什么？

（6）零电阻常规导体遵从欧姆定律，它的磁性有什么特点？超导体的磁性又有什么特点？它是否是独立于零电阻性质的超导体的基本特性？

（7）利用硅二极管 PN 结正向电压随温度变化的线性关系，可以得到哪些物理信息？

实验二十二　表面磁光克尔效应实验

1877 年，John Kerr 在观测偏振光通过抛光过的电磁铁磁极反射时，发现了偏振面旋转的现象，此现象称磁光克尔效应。1985 年，Moog 和 Bader 进行铁磁超薄膜的磁光克尔效应测量，首次成功地测得了 1 个原子层磁性薄膜的磁滞回线，并将该技术称为 SMOKE（surface magneto-optic Kerr effect）。由于 SMOKE 的磁性解析灵敏度达到 1 个原子层厚度，并可配置于超高真空系统中进行超薄膜磁性的原位测量，从而成为表面磁学的重要研究方法，已被广泛应用于纳米磁性材料、磁光器件、巨磁阻、磁传感器元件等磁参量测量。和其他磁性测量手段相比，SMOKE 具有以下优点：

（1）SMOKE 测量灵敏度极高。国际上现在通用的 SMOKE 测量装置其探测灵敏度可到亚原子层，这一点使得 SMOKE 在磁性超薄膜的研究中占据重要地位。

（2）SMOKE 测量是一种无损测量。由于探测使用的"探针"是激光束，因此不会对样品造成任何破坏。

（3）SMOKE 测量具有局域性。SMOKE 测量信息来源于激光照射在磁介质上的光斑，这一点是其他磁性测量手段诸如振动样品磁强计和铁磁共振所无法比拟的，它能够得到磁学性质随薄膜厚度变化的信息，可以大大提高实验效率，因此它成为研究这类不均匀样品的最好工具。

（4）SMOKE 系统结构相对比较简单，具有良好的兼容性，这一点有助于提高它的功能并扩展其研究领域。

一、实验目的

（1）学会 SMOKE 系统的使用。
（2）熟悉表面磁光克尔效应的原理和分类。
（3）掌握利用表面磁光克尔效应测定磁性薄膜磁滞回线的方法。

二、实验仪器

FD-SMOKE-A 表面磁光克尔效应实验系统，计算机。

三、实验原理

当线偏振光入射到不透明样品表面时，如果样品是各向异性的，反射光将变成椭圆偏振光且偏振方向会发生偏转。而如果此时样品为铁磁状态，还会导致反射光偏振面相对于入射光的偏振面额外再转过一小角度，这个小角度称为克尔旋转角 θ_K，即椭圆长轴和参考轴间的夹角，如图 22.1 所示。同时，一般而言，由于样品对 p 偏振光和 s 偏振光的吸收率不同，即使样品处于非磁状态，反射光的椭偏率也要发生变化，而铁磁性会导致椭偏率有一附加的变化，这个变化称为克尔椭偏率 ε_K，即椭圆长短轴之比。

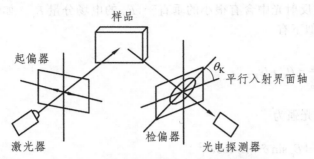

图 22.1　表面磁光克尔效应原理图

按照磁场相对入射面的配置状态不同，表面磁光克尔效应可以分为 3 种：

① 极向克尔效应，其磁化方向垂直于样品表面并且平行于入射面[图 22.2（a）]；

② 纵向克尔效应，其磁化方向在样品膜面内，并且平行于入射面[图 22.2（b）]；

③ 横向克尔效应，其磁化方向在样品膜面内，并且垂直于入射面[图 22.2（c）]。

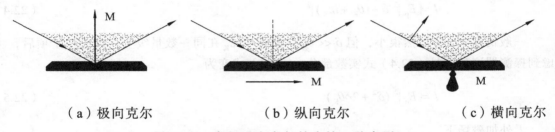

（a）极向克尔　　　　　（b）纵向克尔　　　　　（c）横向克尔

图 22.2　表面磁光克尔效应的三种类型

　　对于磁性薄膜，通常纵向克尔效应较明显。待测物的极向、纵向、横向克尔旋转角的强弱由其易磁化轴的方向决定。以下以极向克尔效应为例，详细讨论 SMOKE 系统，原则上完全适用于纵向克尔效应和横向克尔效应。激光器发射的激光束通过起偏棱镜后变为线偏振光，然后从样品表面反射，经过检偏棱镜进入探测器。检偏棱镜的偏振方向要与起偏棱镜设置成偏离消光位置很小的角度 δ（图 22.3），这主要是为了区分正负克尔旋转角。若检偏棱镜方向设置在消光位置，无论反射光偏振面是顺时针还是逆时针旋转，反映在光强的变化上都是强度增大。这样就无法区分偏振面的正负旋转方向，也就无法判断样品的磁化方向。当 2 个偏振方向之间有小角度 δ 时，通过检偏棱镜的光线有本底光强 I_0。反射光偏振面旋转方向和 δ 同向时光强增大，反向时光强减小，这样样品的磁化方向可以通过光强的变化来区分。

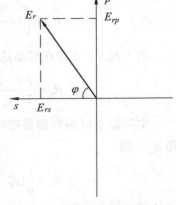

图 22.3　偏振器件配置方位

样品放置在磁场中，当外加磁场改变样品磁化强度时，反射光的偏振状态发生改变。通过检偏棱镜的光强也会发生变化。在一阶近似下光强的变化和被测材料磁感应强度呈线性关系，从探测器探测到光强的变化就可以推测出样品的磁化状态和磁性参量。在图 22.1 的光路中，假设取入射光为 P 偏振光，其电场矢量 E_p 平行于入射面，当光线从磁化了的样品表面反射时，由于克尔效应反射光中含有很小的垂直于 E_p 的电场分量 E_s，如图 22.3 所示，通常 $E_s \ll E_p$。在一阶近似下有

$$\frac{E_s}{E_p} = \theta_K + i\varepsilon_K \tag{22.1}$$

通过检偏棱镜的光强为

$$I = |E_p \sin\delta + E_s \cos\delta|^2 \tag{22.2}$$

将（22.1）式代入（22.2）式得到

$$I = |E_p|^2 |\sin\delta + (\theta_K + i\varepsilon_K)\cos\delta|^2 \tag{22.3}$$

通常 δ 较小，可取 $\sin\delta \approx \delta$，$\cos\delta \approx 1$，得到

$$I = |E_p|^2 |\delta + (\theta_K + i\varepsilon_K)|^2 \tag{22.4}$$

一般情况下，δ 虽然很小，但 $\delta \ll \theta_K$，而 θ_K 和 ε_K 在同一数量级上，略去二阶项后，考虑到探测器测到的是（22.4）式实数部分，（22.4）式变为

$$I = |E_p|^2 (\delta^2 + 2\delta\theta_K) \tag{22.5}$$

无外加磁场下

$$I_0 = |E_p|^2 \delta^2 \tag{22.6}$$

所以有

$$I = I_0 \left(1 + \frac{2\theta_K}{\delta}\right) \tag{22.7}$$

由（22.7）式得在样品达磁饱和状态下 θ_K 为

$$\theta_K = \frac{\delta}{2} \frac{I - I_0}{I_0} \tag{22.8}$$

实际测量时最好测量磁滞回线中正向饱和时的克尔旋转角 θ_K^+ 和反向饱和时的克尔旋转角 θ_K^-，则

$$\theta_K = \frac{1}{0}(\theta_K^+ - \theta_K^-) = \frac{\delta}{4} \frac{I(+B_s) - I(-B_s)}{I_0} = \frac{\delta}{4} \frac{\Delta I}{I_0} \tag{22.9}$$

（22.9）式中，$I(+B_s)$ 和 $I(-B_s)$ 分别是正负磁饱和状态下的光强。从式（22.9）可以看出，光强的变化 ΔI 只与 θ_K 有关，而与 ε_K 无关。说明在图 22.1 光路中探测到的克尔信号只是克尔旋转角。当要测量克尔椭偏率 ε_K 时，在检偏器前另加 1/4 波片，它可以产生 $\pi/2$ 的相位差，此时检偏器看到的是 $i(\theta_K + i\varepsilon_K) = -\varepsilon_K + i\varepsilon_K$，而不是 $\theta_K + i\varepsilon_K$，因此测量到的信号为克尔椭偏率。

经过推导可得在磁饱和情况下 ε_K 为

$$\varepsilon_K = \frac{1}{2}(\varepsilon_K^- - \varepsilon_K^+) = \frac{\delta}{4}\frac{I(-B_s) - I(+B_s)}{I_0} = -\frac{\delta}{4}\frac{\Delta I}{I_0} \tag{22.10}$$

式中，ε_K^+ 表示正向饱和磁场时测得的椭偏率，ε_K^- 表示负向饱和磁场时测得的椭偏率。

如图 22.4 所示，整个系统由一台计算机实现自动控制。根据设置的参数，计算机经 D/A 卡控制磁场电源和继电器进行磁场扫描。光强变化的数据由 A/D 卡采集，经运算后作图显示，从屏幕上直接看到磁滞回线的扫描过程，如图 22.5 所示。

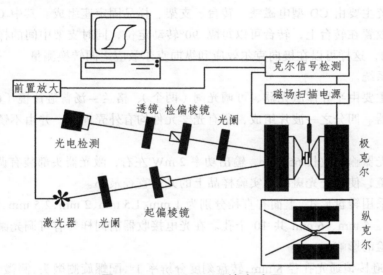

图 22.4 SMOKE 系统光路图

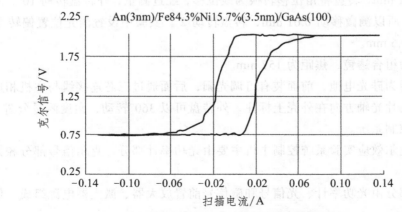

图 22.5 表面磁光克尔效应实验扫描图样

179

表面磁光克尔效应具有极高的探测灵敏度。目前表面磁光克尔效应的探测灵敏度可以达到 10^{-4} 度的量级。这是一般常规的磁光克尔效应的测量所不能达到的。因此表面磁光克尔效应具有测量单原子层、甚至于亚原子层磁性薄膜的灵敏度，所以表面磁光克尔效应已经被广泛地应用在磁性薄膜的研究中。虽然表面磁光克尔效应的测量结果是克尔旋转角或者克尔椭偏率，并非直接测量磁性样品的磁化强度。但是在一阶近似的情况下，克尔旋转角或者克尔椭偏率均和磁性样品的磁化强度成正比。所以，只需要用振动样品磁强计（VSM）等直接测量磁性样品的磁化强度的仪器对样品进行一次定标，即能获得磁性样品的磁化强度。另外，表面磁光克尔效应实际上测量的是磁性样品的磁滞回线，因此可以获得矫顽力、磁各向异性等方面的信息。

表面磁光克尔效应实验系统主要由电磁铁系统、光路系统、主机控制系统、光学实验平台以及电脑组成。

（1）电磁铁系统。

电磁铁系统主要由 CD 型电磁铁、转台、支架、样品固定座组成。其中 CD 型电磁铁由支架支撑竖直放置在转台上，转台可以每隔 90°转动定位，同时支架中间的样品固定座也可以 90°定位转动，这样可以在极向克尔效应和纵向克尔效应之间转换测量。

（2）光路系统。

光路系统主要由半导体激光器、可调光阑（两个）、格兰－汤普逊棱镜（两个）、会聚透镜、光电接收器、四分之一波片组成，所有光学元件均有外壳固定，并由不锈钢立柱与磁性开关底座相连。

半导体激光器输出波长 650 nm，输出功率 2 mW 左右，激光器头部装有调焦透镜，实验时应该调节透镜，使激光光斑打在实验样品上的光点直径最小。

可调光阑采用转盘形式，上面有直径分别为 1 mm、1.5 mm、2 mm、2.5 mm、3 mm、3.5 mm、4 mm、4.5 mm、5 mm、6 mm 共 10 个孔。在光电接收器前同样装有可调光阑，这样可以减小杂散光对实验的影响。

格兰-汤普逊棱镜通光孔径 8 mm，转盘刻度分辨率 1°，配螺旋测微头，测微头量程 10 mm，测微分辨率 0.01 mm，转盘将角位移转换为线位移，经过测量，外转盘转动 10°，测微头直线移动 3.00 mm，所以测微移动 0.01 mm，转盘转动 2′。实验中设置消光位置偏转 2°左右，所以侧微移动约 0.6 mm。

会聚透镜为组合透镜，焦距为 157 mm。

光电接收器为硅光电池，前面装有可调光阑，后面通过三芯连接线与主机相连。

四分之一波片光轴方向在外壳上标注，外转盘可以 360°转动，角度测量分辨率 1°。

（3）主机控制系统。

表面磁光克尔效应实验系统控制主机主要由光功率计部分、克尔信号部分和扫描电源部分组成。

光功率计部分由光功率计、光信号和磁信号前置放大器、激光器电源组成。仪器前面板如图 22.6 所示。

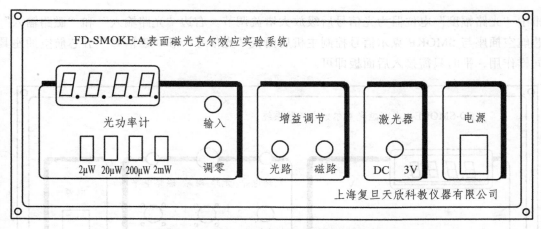

图 22.6 SMOKE 光功率计前面板示意图

面板中左边方框为光功率计，分为 2 μW，20 μW，200 μW，2 mW 四挡切换，表头采用三位半数字电压表。光功率计用来测量激光器输出光功率大小，以及通过布儒斯特定律来确定格兰－汤普逊棱镜的起偏方向。中间增益调节方框内两个电位器分别调节光路和磁路信号的前置放大器放大倍数。右边激光器方框为半导体激光器电源直流 3 V 输出。

如图 22.7 所示，为 SMOKE 光功率计后面板示意图，最左边方框为电源插座，上部"磁路输入"将放置在磁场中的霍尔传感器输出的信号按照对应颜色接入 SMOKE 光功率计控制主机中，同样，"光路输入"将光电接收器中的输出的光信号接入 SMOKE 光功率计控制主机进行前置放大。下部"磁路输出"和"光路输出"分别用五芯航空线接入 SMOKE 克尔信号控制主机后面板中的"磁信号"和"光信号"。

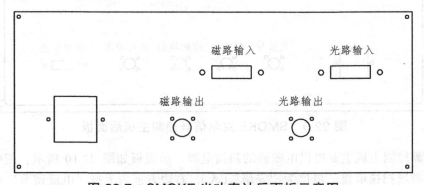

图 22.7 SMOKE 光功率计后面板示意图

克尔信号控制主机主要将经过前置放大的光信号和磁路信号进行放大处理并显示出来，另外内有采集卡通过串行口将扫描信号与计算机进行通信。SMOKE 克尔信号控制主机前面板如图 22.8 所示，图中，左边方框内三位半表显示克尔信号（切换时可以显示磁路信号），单位为"伏特"（V），实验中应该调节放大增益使初始信号显示约 1.25 V 左右（具体原因见调节步骤）。中间方框上面一排，通过中间"光路-磁路"两波段开关可以在左边表中切换显示光路信号和磁路信号，同时对应左右两边"光路电平"和"磁路电平"电位器可以调节初始光路信号和磁路信号的电平大小（实验时要求光路信号和磁路信号都显示在 1.25 V 左右）。

下排中"光路幅度"电位器为光信号后级放大增益调节。右边"光路输入"和"磁路输入"五芯航空插座与 SMOKE 克尔信号控制主机后面板"光信号"和"磁信号"五芯航空插座具有同样作用,平时只需接入后面板即可。

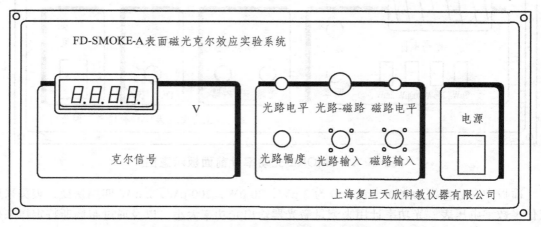

图 22.8　SMOKE 克尔信号控制主机前面板示意图

　　SMOKE 克尔信号控制主机后面板如图 22.9 所示,左边为 220 V 电源插座,"光信号"和"磁信号"五芯航空插座与 SMOKE 光功率计控制主机后面板"光路输出"和"磁路输出"分别用五芯航空线相连。"控制输出"和"换向输出"分别用五芯航空线与 SMOKE 磁铁电源主机后面板"控制输入"和"换向输出"相连。"串口输出"通过九芯串口线与电脑相连。

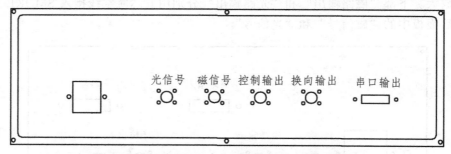

图 22.9　SMOKE 克尔信号控制主机后面板

　　磁铁电源控制主机主要提供电磁铁的扫描电源。前面板如图 22.10 所示,图中左边方框中表头显示磁场扫描电流,单位为"安培"(A),右边方框内上排"电流调节"电位器可以调节磁铁扫描最大电流,"手动-自动"两波段开关可以左右切换选择手动扫描和电脑自动扫描。"磁场换向"开关选择初始扫描时磁场的方向。"输出＋"和"输出－"接线柱与后面板"电流输出"两个红黑接线柱具有同等作用,实验中只接后面板的即可。

　　如图 22.11 所示,为 SMOKE 磁铁电源控制主机后面板示意图,最左边为 220 V 交流电源插座,"电流输出"接线柱与电磁铁相连。"控制输入"和"换向输入"通过五芯航空线与 SMOKE 克尔信号控制主机后面板"控制输出"和"换向输出"分别相连。"20V 40V"两波段开关为扫描电压上限,拨至"20 V"磁铁电源最大扫描电压为"20 V",此时最大扫描电流为"8 A",拨至"40 V"磁铁电源最大扫描电压为"40 V",此时最大扫描电流为"12 A"。

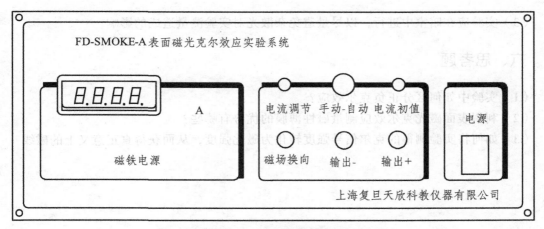

图 22.10　SMOKE 磁铁电源控制主机

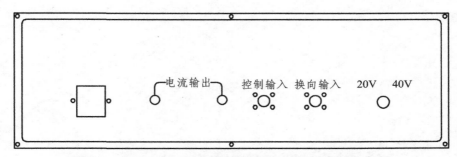

图 22.11　SMOKE 磁铁电源控制主机后面板示意图

（4）光学实验平台部分。

FD-SMOKE-A 型表面磁光克尔效应实验系统实验平台采用标准实验操作台，台面采用纯铁为基不锈钢贴面的光学平板，中间装有减震橡胶。光学元件通过磁性开关底座与台面可以自由固定。台面分为两块，尺寸为 1 m×0.5 m 的上面放置电磁铁，尺寸为 1 m×1 m 的上面放置光学元件。

四、实验内容及步骤

（1）根据仪器使用说明书正确连接实验仪器。

（2）确认仪器连接正确后，开机预热 20 min。

（3）根据拟采用的测试方式合理放置样品。

（4）调节光路。

（5）在电脑上打开 SMOKE 系统测量软件，运行软件获得测量数据。

五、注意事项

（1）实验过程中注意保护光学平台，轻拿轻放。

（2）SMOKE 系统比较灵敏，因此测量过程中应避免引起光学平台振动。

（3）实验应在暗室中进行，以尽量避免杂散光对实验测量造成的影响。

六、思考题

（1）实验中如何区分正负克尔效应？

（2）利用表面磁光克尔效应测量磁性薄膜的优势有哪些？

（3）如何将实验测得的克尔信号强度转化为磁化强度，从而获得真正意义上的磁线？

参考文献

[1] 杨福家. 原子物理学[M]. 4 版. 北京：高等教育出版社，2008.

[2] 南京大学近代物理实验室. 近代物理实验[M]. 南京：南京大学出版社，1993.

[3] 唐一文，丁晓夏. 近代物理实验教程[M]. 武汉：华中师范大学出版社，2015.

[4] 冯振勇，邱春蓉，黄整. 近代物理实验教程[M]. 成都：西南交通大学出版社，2008.

[5] 戴道宣，戴乐山. 近代物理实验[M]. 2 版. 北京：高等教育出版社，2006.

[6] 夏珉. 激光原理与技术[M]. 北京：科学出版社，2016.

[7] 张天喆，董有尔. 近代物理实验[M]. 北京：科学出版社，2006.

[8] 吴思诚，王祖铨. 近代物理实验[M]. 北京：北京大学出版社，1986.

[9] 李国庆. 近代物理实验[M]. 北京：科学出版社，2012.

[10] 高铁军，孟祥省，王书运. 近代物理实验[M]. 北京：科学出版社，2009.

[11] 吴先球，熊予莹，黄佐华. 近代物理实验教程[M]. 北京：科学出版社，2009.

[12] 章立源等. 超导物理学[M]. 北京：电子工业出版社，1995.

[13] 尚世铉. 近代物理实验技术[M]. 北京：高等教育出版社，1993.

[14] 高铁军，朱俊孔. 近代物理实验[M]. 济南：山东大学出版社，2000.

[15] 梁铨廷. 物理光学[M]. 4 版. 北京：电子工业出版社，2012.

[16] 廖承恩. 微波技术基础[M]. 西安：西安电子科技大学出版社，1994.

[17] 陆果，陈凯旋，薛立新. 高温超导材料特性测试装置[J]. 物理实验，2001，21（5）：7-12.

[18] 阎守胜，陆果. 低温物理实验原理与方法[M]. 北京：科学出版社，1985.

[19] 华中一. 真空实验技术（物理实验丛书）[M]. 上海：科学技术出版社，1989.

[20] 戴道生，钱昆明. 铁磁学[M]. 北京：科学出版社，2000.

[21] 刘平安，丁菲，陈希江，等. 用表面磁光克尔效应实验系统测量铁磁性薄膜的磁滞回线[J]. 物理实验，2006，26（9）：3-6.

附 表

附表 1 中华人民共和国法定计量单位

（1984 年 2 月 27 日国务院公布）

我国的法定计量单位（以下简称法定单位）包括：

（1）国际单位制的基本单位：见附表 1.1。

（2）国际单位制的辅助单位：见附表 1.2。

（3）国际单位制中具有专门名称的导出单位：见附表 1.3。

（4）国家选定的非国际单位制单位：见附表 1.4。

（5）由以上单位构成的组合形式的单位。

（6）由词头和以上单位构成的十进倍数和分数单位（词头见附表 1.5）。

法定单位的定义、使用方法等，由国家计量局另行规定。

附表 1.1　国际单位制的基本单位

量的名称	单位名称	单位符号
长度	米	m
质量	千克（公斤）	kg
时间	秒	s
电流	安（培）	A
热力学温度	开（尔文）	K
物质的量	摩（尔）	mol
发光强度	坎（德拉）	cd

附表 1.2　国际单位制的辅助单位

量的名称	单位名称	单位符号
平面角	弧度	rad
立体角	球面度	sr

附表 1.3 国际单位制中具有专门名称的导出单位

量的名称	单位名称	单位符号	其他表示实例
频率	赫（兹）	Hz	s^{-1}
力，重力	牛（顿）	N	$kg \cdot m/s^2$
压力，压强；应力	帕（斯卡）	Pa	N/m^2
能量；功；热	焦（尔）	J	$N \cdot m$
功率；辐射通量	瓦（特）	W	J/s
电荷量	库（仑）	C	$A \cdot s$
电位；电压；电动势	伏（特）	V	W/A
电容	法（拉）	F	C/V
电阻	欧（姆）	Ω	V/A
电导	西（门子）	S	A/V
磁通量	韦（伯）	Wb	$V \cdot s$
磁通量密度；磁感应强度	特（斯拉）	T	Wb/m^2
电感	亨（利）	H	Wb/A
摄氏温度	摄氏度	°C	
光通量	流（明）	lm	$cd \cdot sr$
光照度	勒（克斯）	lx	lm/m^2
放射性活度	贝可（勒尔）	Bq	s^{-1}
吸收剂量	戈（瑞）	Gy	J/kg
剂量当量	希（沃特）	Sv	J/kg

附表 1.4 国家选定的非国际单位制单位

量的名称	单位名称	单位符号	换算关系和说明
时 间	分	min	1 min = 60 s
	（小）时	h	1 h = 60 min = 3 600 s
	天（日）	d	1 d = 24 h = 86 400 s
平面角	（角）秒	（"）	1" = （π/648 000）rad （π为圆周率）
	（角）分	（'）	1' = 60" = （π/10 800）rad
	度	（°）	1° = 60' = （π/180）rad
旋转速度	转每分	r/min	1 r/min = （1/60）s^{-1}
长 度	海里	n mile	1 n mile = 1 852m（只用于航程）
速 度	节	kn	1 kn = 1 n mile/h = （1 852/3 600）m/s （只用于航程）
质 量	吨	t	1 t = 10^3 kg
	原子质量单位	u	1 u ≈ 1.660 565 5×10^{-27} kg
体 积	升	L,（l）	1 L = 1 dm^3 = $10^{-3}m^3$
能	电子伏	eV	1 eV ≈ 1.602 189 2×10^{-19} J
级 差	分贝	dB	
线密度	特（克斯）	tex	1 tex = 1 g/km

附表 1.5　用于构成十进倍数和分数单位的词头

所表示的因数	词头名称	词头符号
10^{18}	艾（可萨）	E
10^{15}	拍（它）	P
10^{12}	太（拉）	T
10^{9}	吉（咖）	G
10^{6}	兆	M
10^{3}	千	k
10^{2}	百	h
10^{1}	十	da
10^{-1}	分	d
10^{-2}	厘	c
10^{-3}	毫	m
10^{-6}	微	μ
10^{-9}	纳（诺）	n
10^{-12}	皮（可）	p
10^{-15}	飞（母托）	f
10^{-18}	阿（托）	a

注：

1. 周、月、年（年的符号为 a）为一般常用时间单位。

2.〔　〕内的字，是在不致混淆的情况下，可以省略的字。

3.（　）内的字为前者的同义语。

4. 角度单位度分秒的符号不处于数字后时，用括弧。

5. 升的符号中，小写字母 l 为备用符号。

6. r 为"转"的符号。

7. 人民生活和贸易中，质量习惯称为重量。

8. 公里为千米的俗称，符号为 km。

9. 10^{4} 称为万，10^{8} 称为亿，10^{12} 称为万亿，这类数词的使用不受词头名称的影响，但不应与词头混淆。

说明：法定计量单位的使用，可查阅 1984 年国家计量局公布的《中华人民共和国法定计量单位使用方法》。

附表 2　常用物理数据

附表 2.1　基本物理常量

名　　称	符号、数值和单位
真空中的光速	$c = 2.99792458 \times 10^8$ m/s
电子的电荷	$e = 1.6021892 \times 10^{-19}$ C
普朗克常量	$h = 6.626176 \times 10^{-34}$ J·s
阿伏伽德罗常量	$N_0 = 6.022045 \times 10^{23}$ mol^{-1}
原子质量单位	$u = 1.6605655 \times 10^{-27}$ kg
电子的静止质量	$m_e = 9.109534 \times 10^{-31}$ kg
电子的荷质比	$e/m_e = 1.7588047 \times 10^{11}$ C/kg
法拉第常量	$F = 9.648456 \times 10^4$ C/mol
氢原子的里德伯常量	$R_H = 1.096776 \times 10^7$ m^{-1}
摩尔气体常量	$R = 8.31441$ J/（mol·k）
热功当量	$J = 4.186$ J·cal^{-1}
电子经典半径	$r_e = 2.818 \times 10^{-13}$ m
电子的康普顿波长	$\lambda_0 = 2.426 \times 10^{-12}$ m
玻尔半径	$\alpha = 0.5292 \times 10^{-10}$ m
玻尔兹曼常量	$k = 1.380622 \times 10^{-23}$ J/K
洛施密特常量	$n = 2.68719 \times 10^{25}$ m^{-3}
万有引力常量	$G = 6.6720 \times 10^{-11}$ N·m^2/kg^2
标准大气压	$P_0 = 101325$ Pa
冰点的绝对温度	$T_0 = 273.15$ K
声音在空气中的速度（标准状态下）	$v = 331.46$ m/s
干燥空气的密度（标准状态下）	$\rho_{空气} = 1.293$ kg/m^3
水银的密度（标准状态下）	$\rho_{水银} = 13595.04$ kg/m^3
理想气体的摩尔体积（标准状态下）	$V_m = 22.41383 \times 10^{-3}$ m^3/mol
真空中介电常量（电容率）	$\varepsilon_0 = 8.854188 \times 10^{-12}$ F/m
真空中磁导率	$\mu_0 = 12.566371 \times 10^{-7}$ H/m
钠光谱中黄线的波长	$D = 589.3 \times 10^{-9}$ m
镉光谱中红线的波长（15 ℃，101 325 Pa）	$\lambda_{cd} = 643.84696 \times 10^{-9}$ m

附表 2.2　某些金属和合金的电阻率及其温度系数[①]

金属或合金	电阻率（$\times 10^{-6}\Omega \cdot m$）	温度系数（$°C^{-1}$）	金属或合金	电阻率（$\times 10^{-6}\Omega \cdot m$）	温度系数（$°C^{-1}$）
铝	0.028	42×10^{-4}	锌	0.059	42×10^{-4}
铜	0.0172	43×10^{-4}	锡	0.12	44×10^{-4}
银	0.016	40×10^{-4}	水银	0.958	10×10^{-4}
金	0.024	40×10^{-4}	武德合金	0.52	37×10^{-4}
铁	0.098	60×10^{-4}	钢（0.10~0.15%碳）	0.10~0.14	6×10^{-3}
铅	0.205	37×10^{-4}	康铜	0.47~0.51	$(-0.04~+0.01)\times 10^{-3}$
铂	0.105	39×10^{-4}	铜锰镍合金	0.34~1.00	$(-0.03~+0.02)\times 10^{-3}$
钨	0.055	48×10^{-4}	镍铬合金	0.98~1.10	$(0.03~0.4)\times 10^{-3}$

① 阻率与金属中的杂质有关，因此表中列出的只是 20 °C 时电阻率的平均值。

附表 2.3　不同金属或合金与铂（化学纯）构成热电偶的热电动势

（热端在 100 °C，冷端在 0 °C 时）[①]

金属或合金	热电动势（mV）	连续使用温度（°C）	短时使用最高温度（°C）
95%Ni＋5%（Al，Si，Mn）	−1.38	1 000	1250
钨	＋0.79	2 000	2500
手工制造的铁	＋1.87	600	800
康铜（60%Cu＋40%Ni）	−3.5	600	800
56%Cu＋44%Ni	−4.0	600	800
制导线用铜	＋0.75	350	500
镍	−1.5	1000	1100
80%Ni＋20%Cr	＋2.5	1000	1100
90%Ni＋10%Cr	＋2.71	1000	1250
90%Pt＋10%Ir	＋1.3	1000	1200
90%Pt＋10%Rh	＋0.64	1300	1600
银	＋0.72[②]	600	700

① 表中的 "＋" 或 "−" 表示该电极与铂组成热电偶时，其热电动势是正或负。当热电动势为正时，在处于 0 °C 的热电偶一端电流由金属（或合金）流向铂。

② 为了确定用表中所列任何两种材料构成的热电偶的热电动势，应当取这两种材料的热电动势的差值。例如：铜—康铜热电偶的热电动势等于 ＋0.75 − （−3.5）＝4.25（mV）

附表 2.4　几种标准温差电偶

名　　　称	分度号	100 ℃ 时的电动势（mV）	使用温度范围（℃）
铜—康铜（Cu55Ni45）	CK	4.26	−200～300
镍铬（Cr9～10Si0.4Ni90）—康铜（Cu56～57Ni43～44）	EA—2	6.95	−200～800
镍铬（Cr9～10Si0.4Ni90）—镍硅（Si2.5～3Co<0.6Ni97）	EV—2	4.10	1200
铂铑（Pt90Rh10）—铂	LB—3	0.643	1600
铂铑（Pt70Rh30）—铂铑（Pt94Rh6）	LL—2	0.034	1800

附表 2.5　铜—康铜热电偶的温差电动势（自由端温度 0 ℃）

（单位：mV）

康铜的温度	铜的温度（℃）										
	0	10	20	30	40	50	60	70	80	90	100
0	0.000	0.389	0.787	1.194	1.610	2.035	2.468	2.909	3.357	3.813	4.277
100	4.227	4.749	5.227	5.712	6.204	6.702	7.207	7.719	8.236	8.759	9.288
200	9.288	9.823	10.363	10.909	11.459	12.014	12.575	13.140	13.710	14.285	14.864
300	14.864	15.448	16.035	16.627	17.222	17.821	18.424	19.031	19.642	20.256	20.873

附表 2.6　在常温下某些物质相对于空气的光的折射率

物质	H_α 线（656.3 nm）	D 线（589.3 nm）	H_β 线（486.1 nm）
水（18 ℃）	1.3314	1.3332	1.3373
乙醇（18 ℃）	1.3609	1.3625	1.3665
二硫化碳（18 ℃）	1.6199	1.6291	1.6541
冕玻璃（轻）	1.5127	1.5153	1.5214
冕玻璃（重）	1.6126	1.6152	1.6213
燧石玻璃（轻）	1.6038	1.6085	1.6200
燧石玻璃（重）	1.7434	1.7515	1.7723
方解石（寻常光）	1.6545	1.6585	1.6679
方解石（非常光）	1.4846	1.4864	1.4908
水晶（寻常光）	1.5418	1.5442	1.5496
水晶（非常光）	1.5509	1.5533	1.5589

（单位：nm）

一、H（氢）	447.15 蓝	589.592（D_1）黄
656.28 红	402.62 蓝紫	588.995（D_2）黄
486.13 绿蓝	388.87 蓝紫	五、Hg（汞）
434.05 蓝	三、Ne（氖）	623.44 橙
410.17 蓝紫	650.65 红	579.07 黄
397.01 蓝紫	640.23 橙	576.96 黄
二、He（氦）	638.30 橙	546.07 绿
706.52 红	626.25 橙	491.60 绿蓝
667.82 红	621.73 橙	435.83 蓝
587.56（D_3）黄	614.31 橙	407.78 蓝紫
501.57 绿	588.19 黄	404.66 蓝紫
492.19 绿蓝	585.25 黄	六、He—Ne 激光
471.31 蓝	四、Na（钠）	632.8 橙

附表 2.8　常用磁学量及其换算

磁学量名称	符号	CGS 单位	SI 单位	换算比（SI 制数值乘以此数即得 CGS 制数值）
磁极强度	m		韦（Wb）	$10^8/4\pi$
磁　通	φ	麦克斯韦（Mx）	韦（Wb）	10^8
磁　矩	M_m	磁　矩	安/米^2（A/m^2）	10^3
磁通密度或磁感应强度	B	高斯（Gs）	韦/米^{2}或特[斯拉]（Wb/m^2 或 T）	10^4
磁场强度	H	奥斯特（Oe）	安/米（A/m）	$1/79.6$
磁　势	φ_m	奥·厘米（Oe·cm）	安匝（A）	$4\pi/10$
磁通势	V_m			
磁化强度	M	高斯（Gs）	安/米（A/m）	10^{-3}
相对磁化率	χ			4π
相对导磁率	μ			1
退磁因子	N（CGS）D（SI）			4π
真空导磁率	u_o	1	$4\pi/10^7$	$10^7/4\pi$
磁　阻	R_m	(奥·厘米)/麦克斯韦	安匝/韦（A/Wb）	$4\pi\cdot10^{-9}$
磁晶各向异性常数	K_1	erg/cm^2	焦/米^3（J/m^3）	10
磁能积	(BH)$_m$	高·奥	焦/米^3（J/m^3）	$10^9/7.96$
畴壁能密度	Y	erg/cm^2	焦/米^2（J/m^2）	10^3

附表3　历届物理学诺贝尔奖获得者

时间	姓名	国籍	主要贡献
1901	威尔姆·康拉德·伦琴	德国	发现X射线
1902	亨德瑞克·安图恩·洛伦兹、塞曼	荷兰	关于磁场对辐射现象影响的研究
1903	安东尼·亨利·贝克勒尔、皮埃尔·居里、玛丽·居里	法国	发现并研究放射性元素钋和镭
1904	瑞利	英国	气体密度的研究和发现氩
1905	伦纳德	德国	关于阴极射线的研究
1906	约瑟夫·汤姆生	英国	对气体放电理论和实验研究作出重要贡献并发现电子
1907	迈克尔逊	美国	发明光学干涉仪并使用其进行光谱学和基本度量学研究
1908	李普曼	法国	发明彩色照相干涉法（即李普曼干涉定律）
1909	伽利尔摩·马克尼	意大利	发明和改进无线电报及从事热离子现象的研究,特别是发现理查森定律
1909	布劳恩	德国	
1909	理查森	英国	
1910	范德华	荷兰	关于气态和液态方程的研究
1911	维恩	德国	发现热辐射定律
1912	达伦	瑞典	发明可用于同燃点航标、浮标气体蓄电池联合使用的自动调节装置
1913	卡末林－昂内斯	荷兰	关于低温下物体性质的研究和制成液态氦
1914	马克斯·凡·劳厄	德国	发现晶体中的X射线衍射现象
1915	威廉·亨利·布拉格	英国	用X射线对晶体结构的研究
1916	未颁奖		
1917	查尔斯·格洛弗·巴克拉	英国	发现元素的次级X辐射特性
1918	马克斯·卡尔·欧内斯特·路德维希·普朗克	德国	对确立量子论作出巨大贡献
1919	斯塔克	德国	发现极隧射线的多普勒效应以及电场作用下光谱线的分裂现象
1920	纪尧姆	瑞士	发现镍钢合金的反常现象及其在精密物理学中的重要性
1921	阿尔伯特·爱因斯坦	德国	他对数学物理学的成就,特别是光电效应定律的发现
1922	尼尔斯·亨利克·大卫·玻尔	丹麦	关于原子结构以及原子辐射的研究
1923	罗伯特·安德鲁·密立根	美国	关于基本电荷的研究以及验证光电效应

时间	姓名	国籍	主要贡献
1924	西格巴恩	瑞典	发现 X 射线中的光谱线
1925	弗兰克·赫兹	德国	发现原子和电子的碰撞规律
1926	佩兰	法国	研究物质不连续结构和发现沉积平衡
1927	康普顿	美国	发现康普顿效应及发明了云雾室,能显示出电子穿
	威尔逊	英国	过空气的径迹
1928	理查森	英国	研究热离子现象,并提出理查森定律
1929	路易·维克多·德布罗意	法国	发现电子的波动性
1930	拉曼	印度	研究光散射并发现拉曼效应
1931	未颁奖		
1932	维尔纳·海森伯	德国	在量子力学方面的贡献
1933	埃尔温·薛定谔	奥地利	创立波动力学理论及提出狄拉克方程和空穴理论
	保罗·阿德里·莫里斯·狄拉克	英国	
1934	未颁奖		
1935	詹姆斯·查德威克	英国	发现中子
1936	赫斯	奥地利	发现宇宙射线及发现正电子
	安德森	美国	
1937	戴维森	美国	发现晶体对电子的衍射现象
	乔治·佩杰特·汤姆生	英国	
1938	恩利克·费米	意大利	发现由中子照射产生的新放射性元素并用慢中子实现核反应
1939	欧内斯特·奥兰多·劳伦斯	美国	发明回旋加速器,并获得人工放射性元素
1940—1942 未颁奖			
1943	斯特恩	美国	开发分子束方法和测量质子磁矩
1944	拉比	美国	发明核磁共振法
1945	沃尔夫冈·E.泡利	奥地利	发现泡利不相容原理
1946	布里奇曼	美国	发明获得强高压的装置,并在高压物理学领域作出发现
1947	阿普尔顿	英国	高层大气物理性质的研究,发现阿普顿层(电离层)
1948	布莱克特	英国	改进威尔逊云雾室方法和由此在核物理和宇宙射线领域的发现
1949	汤川秀树	日本	提出核子的介子理论并预言∏介子的存在
1950	塞索·法兰克·鲍威尔	英国	发展研究核过程的照相方法,并发现π介子

时间	姓名	国籍	主要贡献
1951	科克罗夫特	英国	用人工加速粒子轰击原子产生原子核嬗变
	沃尔顿	爱尔兰	
1952	布洛赫、珀塞尔	美国	从事物质核磁共振现象的研究并创立原子核磁力测量法
1953	泽尔尼克	荷兰	发明相衬显微镜
1954	马克斯·玻恩	英国	在量子力学和波函数的统计解释及研究方面作出贡献及发明了符合计数法,用以研究原子核反应和γ射线
	博特	德国	
1955	拉姆、库什	美国	发明了微波技术,进而研究氢原子的精细结构及用射频束技术精确地测定出电子磁矩,创新了核理论
1956	布拉顿、巴丁、肖克利	美国	发明晶体管及对晶体管效应的研究
1957	李政道、杨振宁	美国	发现弱相互作用下宇称不守恒,从而导致有关基本粒子的重大发现
1958	切伦科夫、塔姆、弗兰克	苏联	发现并解释切伦科夫效应
1959	塞格雷、欧文·张伯伦	美国	发现反质子
1960	格拉塞	美国	发现气泡室,取代了威尔逊的云雾室
1961	霍夫斯塔特	美国	关于电子对原子核散射的先驱性研究,并由此发现原子核的结构及从事γ射线的共振吸收现象研究并发现了穆斯堡尔效应
	穆斯堡尔	德国	
1962	达维多维奇·朗道	苏联	关于凝聚态物质,特别是液氦的开创性理论
1963	维格纳、梅耶夫人	美国	发现基本粒子的对称性及支配质子与中子相互作用的原理及发现原子核的壳层结构
	延森	德国	
1964	汤斯	美国	在量子电子学领域的基础研究成果,为微波激射器、激光器的发明奠定理论基础及发明微波激射器
	巴索夫、普罗霍罗夫	苏联	
1965	朝永振一郎	日本	在量子电动力学方面取得对粒子物理学产生深远影响的研究成果
	施温格、费因曼	美国	
1966	卡斯特勒	法国	发明并发展用于研究原子内光、磁共振的双共振方法
1967	贝蒂	美国	核反应理论方面的贡献,特别是关于恒星能源的发现
1968	阿尔瓦雷斯	美国	发展氢气泡室技术和数据分析,发现大量共振态
1969	盖尔曼	美国	对基本粒子的分类及其相互作用的发现
1970	阿尔文	瑞典	磁流体动力学的基础研究和发现,及其在等离子物理富有成果的应用和关于反磁铁性和铁磁性的基础研究和发现
	内尔	法国	
1971	加博尔	英国	发明并发展全息照相法
1972	巴丁、库柏、施里弗	美国	创立BCS超导微观理论

时间	姓名	国籍	主要贡献
1973	江崎玲于奈	日本	发现半导体隧道效应及发现超导体隧道效应及提出并发现通过隧道势垒的超电流的性质，即约瑟夫森效应
	、贾埃弗	美国	
	约瑟夫森	英国	
1974	马丁·赖尔、赫威斯	英国	发明应用合成孔径射电天文望远镜进行射电天体物理学的开创性研究及发现脉冲星
1975	阿格·N.玻尔、莫特尔森	丹麦	发现原子核中集体运动和粒子运动之间的联系，并且根据这种联系提出核结构理论
	雷恩沃特	美国	
1976	丁肇中、里希特	美国	各自独立发现新的J/ψ基本粒子
1977	安德森、范弗莱克	美国	对磁性和无序体系电子结构的基础性研究
	莫特	英国	
1978	卡皮察	苏联	低温物理领域的基本发明和发现及发现宇宙微波背景辐射
	彭齐亚斯、R.W.威尔逊	美国	
1979	谢尔登·李·格拉肖、史蒂文·温伯格	美国	关于基本粒子间弱相互作用和电磁作用的统一理论的贡献，并预言弱中性流的存在
	阿布杜斯·萨拉姆	巴基斯坦	
1980	克罗宁、菲奇	美国	发现电荷共轭宇称不守恒
1981	西格巴恩	瑞典	开发高分辨率测量仪器以及对光电子和轻元素的定量分析及非线性光学和激光光谱学的开创性工作及发明高分辨率的激光光谱仪
	布洛姆伯根、肖洛	美国	
1982	K.G.威尔逊	美国	提出重整群理论，阐明相变临界现象
1983	萨拉马尼安·强德拉塞卡、福勒	美国	提出强德拉塞卡极限，对恒星结构和演化具有重要意义的物理过程进行的理论研究及对宇宙中化学元素形成具有重要意义的核反应所进行的理论和实验的研究
1984	卡洛·鲁比亚	意大利	证实传递弱相互作用的中间矢量玻色子[[W+]]，W-和Zc的存在及发明粒子束的随机冷却法，使质子-反质子束对撞产生W和Z粒子的实验成为可能
	范德梅尔	荷兰	
1985	冯·克里津	德国	发现量子霍尔效应并开发了测定物理常数的技术
1986	鲁斯卡、比尼格	德国	设计第一台透射电子显微镜及设计第一台扫描隧道电子显微镜
	罗雷尔	瑞士	
1987	柏德诺兹	德国	发现氧化物高温超导材料
	缪勒	瑞士	
1988	莱德曼、施瓦茨、斯坦伯格	美国	产生第一个实验室创造的中微子束，并发现中微子，从而证明了轻子的对偶结构

时间	姓名	国籍	主要贡献
1989	拉姆齐、德默尔特	美国	发明分离振荡场方法及其在原子钟中的应用及发展原子精确光谱学和开发离子陷阱技术
	保尔	德国	
1990	弗里德曼、肯德尔	美国	通过实验首次证明夸克的存在
	理查·爱德华·泰勒	加拿大	
1991	皮埃尔·吉勒德-热纳	法国	把研究简单系统中有序现象的方法推广到比较复杂的物质形式,特别是推广到液晶和聚合物的研究中
1992	夏帕克	法国	发明并发展用于高能物理学的多丝正比室
1993	赫尔斯、J.H. 泰勒	美国	发现脉冲双星,由此间接证实了爱因斯坦所预言的引力波的存在
1994	布罗克豪斯	加拿大	在凝聚态物质研究中发展了中子衍射技术
	沙尔	美国	
1995	佩尔、莱因斯	美国	发现 τ 轻子及发现中微子
1996	D.M. 李、奥谢罗夫、R.C. 理查森	美国	发现了可以在低温度状态下无摩擦流动的氦同位素
1997	朱棣文、W.D. 菲利普斯	美国	发明用激光冷却和捕获原子的方法
	科昂·塔努吉	法国	
1998	劳克林、霍斯特·路德维希·施特默、崔琦	美国	发现并研究电子的分数量子霍尔效应
1999	H. 霍夫特、韦尔特曼	荷兰	阐明弱电相互作用的量子结构
2000	阿尔费罗夫	俄国	提出异层结构理论,并开发了异层结构的快速晶体管、激光二极管及发明集成电路
	克罗默	德国	
	杰克·基尔比	美国	
2001	克特勒	德国	在"碱金属原子稀薄气体的玻色-爱因斯坦凝聚态"以及"凝聚态物质性质早期基本性质研究"方面取得成就
	康奈尔、卡尔·E. 维曼	美国	
2002	雷蒙德·戴维斯、里卡尔多·贾科尼	美国	在天体物理学领域做出的先驱性贡献,其中包括在"探测宇宙中微子"和"发现宇宙 X 射线源"方面的成就
	小柴昌俊	日本	
2003	阿列克谢·阿布里科索夫、安东尼·莱格特	美国	"表彰三人在超导体和超流体领域中做出的开创性贡献。"
	维塔利·金茨堡	俄罗斯	
2004	戴维·格罗斯、戴维·普利策和弗兰克·维尔泽克	美国	为表彰他们"对量子场中夸克渐进自由的发现"

时间	姓名	国籍	主要贡献
2005	罗伊·格劳伯、约翰·霍尔	美国	表彰他对光学相干的量子理论的贡献及表彰他们对基于激光的精密光谱学发展作出的贡献。
	和特奥多尔·亨施	德国	
2006	约翰·马瑟 乔治·斯穆特	美国	表彰他们发现了黑体形态和宇宙微波背景辐射的扰动现象
2007	艾尔伯·费尔	法国	表彰他们发现巨磁电阻效应的贡献
	皮特·克鲁伯格	德国	
2008	南部阳一郎、小林诚和益川敏英	日本	表彰发现了亚原子物理的对称性自发破缺机制及提出了对称性破坏的物理机制，并成功预言了自然界至少三类夸克的存在
2009	高锟、韦拉德·博伊尔和乔治·史密斯	美国	美籍华裔物理学家高锟因为"在光学通信领域中光的传输的开创性成就"而获奖；美国物理学家韦拉德·博伊尔和乔治·史密斯因"发明了成像半导体电路——电荷耦合器件图像传感器CCD"获此殊荣
2010	安德烈·海姆和康斯坦丁·诺沃肖洛夫，	英国	表彰他们在石墨烯材料方面的卓越研究
2011	萨尔·波尔马特、布莱恩·施密特和亚当·里斯	美国	"通过观测遥远超新星发现宇宙的加速膨胀"
2012	塞尔日·阿罗什、	法国	"发现测量和操控单个量子系统的突破性实验方法"
	大卫·维因兰德因	美国	
2013	弗朗索瓦·恩格勒	比利时	希格斯玻色子（上帝粒子）的理论预言
	彼得·希格斯	英国	
2014	赤崎勇、天野浩	日本	发明蓝色发光二极管（LED）
	中村修二	美国	
2015	梶田隆章	日本	发现中微子振荡方面所作的贡献
	阿瑟·麦克唐纳	加拿大	
2016	戴维·索利斯、邓肯·霍尔丹和迈克尔·科斯特利茨	美国	在理论上发现了物质的拓扑相变以及在拓扑相变方面作出的理论贡献
2017	雷纳·韦斯、基普·索恩和巴里·巴里什	美国	对发现引力波作出的贡献